貓咪
這樣吃最健康

2018 年經典重製好讀版

蘇菁菁 著

contents

健康成貓
料理

part 4
建立良好飲食習慣 & 轉糧祕笈

斷食期
飲料

part 5
特殊狀況照護指南

幼貓
飲食　　&　　減重
　　　　　　　　輕食

前言

自 2006 年《貓咪飲食祕笈》初版面世以來，港台貓家長對貓咪健康飲食的興趣和意識都增長了許多。近年新興的生食（BARF）和無穀食糧風潮更讓大家趨之若鶩。再加上 2007 年 Menu Foods 的大型寵物食糧回收事件嚇壞了許多家長，讓大家重新正視商業食糧的風險，亦同時燃起了許多家長對學習自製貓狗鮮食的興趣。但為何這些年來，自製狗鮮食已向前走了許多步（看看書店裡有多少有關狗鮮食的著作就可知道），但貓鮮食卻停滯不前？是由於貓咪堅持「不肯」吃鮮食？還是因為獸醫師不贊成貓咪吃鮮食？

這次的增訂版希望可以為各位貓家長解開以上困局，讓鮮食能夠為大家的貓咪帶來健康。比起舊版《貓咪飲食祕笈》，我在《貓咪這樣吃最健康》裡更深入的分析貓咪天生獨特的營養需要，增添了討論貓生食、無穀食糧、貓咪減重等家長非常關注的議題。食譜方面也全面更新，不僅數量增加、絕大多數不含任何穀類、風味也有所不同（有西式、日式，也有東南亞風

敬請各位親愛的讀者留意 ————————
此書僅代表本人對貓咪營養飲食的立場及分享，絕不能替代獸醫師的診症或專業意見喔！若貓咪生病，還是要帶牠去看獸醫。

味），希望更能鼓勵各位和貓咪嘗試。

其實這次增訂版能夠出版，真的要謝謝城邦集團麥浩斯出版社的邀請。以後無論這書是否會再版或增訂，裡頭有關貓咪營養需求的基本概念還是不變的。希望大家會仔細閱讀並消化這些重點，因為有了對貓咪真正營養需求的理解，你就已為貓咪一生的健康紮穩根基。以後無論貓咪食糧界有什麼風潮、什麼流言，你都能靠這穩健的根基，精明的為貓咪作出正確抉擇。

最後，我要感謝親愛的編輯斯韻、韻鈴、插畫家 Bianco Tsai 還有勞苦功高的美編和其他各位幫忙做這本書的同事們。謝謝您們總是不厭其煩，聆聽我的諸多要求和意見。

還要謝謝天父爸爸，給予我 6 位個性完全不同的毛寶貝，每天都實實在在的教導我們如何好好生活，給我無限的啟發！

Ching Ching

您的寵物營養師・蘇菁菁
2013 年 9 月 26 日

7

PART

1

貓咪營養基礎概念

你給貓咪吃什麼，牠們便是什麼

構成健康貓生的金字塔

古希臘時代，「醫學之父」希波克拉提斯（Hippocrates）有句名言：" You are what you eat."，而在中國，也有「藥食同療」這個食療概念。由此可見，不管西方或東方、古代或現代、人類或任何生物，食物都是每個生命的健康泉源——貓咪也不例外。Cats are what they eat！

對於一隻貓咪，除了一個安穩、溫暖的家外，營養飲食就是牠的健康根基。就像下圖的金字塔一樣，若「營養飲食」這塊大磚塊在建築時遭人偷工減料，那整座金字塔豈不是會搖搖欲墜，甚至倒塌？請注意，我將醫療放在塔頂，並不是在抹煞它的重要性。事實上，除非貓咪有先天性疾病，否則當牠集齊了塔內其他五項健康元素時，除了定期的檢查和保健程序（如結紮、牙齒保健、打預防針等），牠很可能並不需要經常探訪獸醫，因為牠會是隻健康、開心的小貓嘛！

只可惜，近二十年來在城市生活的貓咪，健康卻是每況愈下。許多獸醫都留意到，越來越多貓隻患上各類過敏症，甚至有些本該年輕力壯的貓咪，也患上各種因身體機能提早退化所引致的疾病。

　　下方列出 10 種現代貓咪常見的疾病，而這 10 種病症，全都與貓咪的日常飲食有關聯。

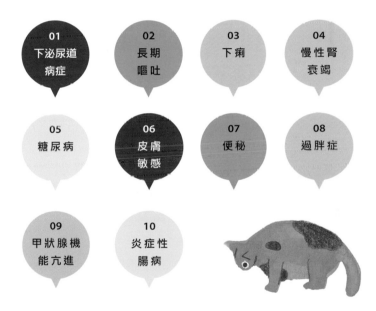

01 下泌尿道病症	02 長期嘔吐	03 下痢	04 慢性腎衰竭
05 糖尿病	06 皮膚敏感	07 便秘	08 過胖症
09 甲狀腺機能亢進	10 炎症性腸病		

　　很不幸的是，不少貓咪家長（甚至獸醫），在得知貓咪患上以上的病症後，仍察覺不到貓咪的日常飲食很可能是疾病的一大「幫兇」，反而只給牠們一大堆藥物，而不改善日常飲食，實在是治標不治本！其實要根治病症，除了適當的醫療外，一定要給貓咪充足並能配合其身體狀況的營養，這樣，牠們的抵抗力才會提升，才能有把握打倒病魔。

貓咪天生就是百分百的肉食者

大家知道嗎？最早有貓隻與人類共同生活的紀錄，出現在西元前 1500 ～ 1600 年的古埃及時代。當時的古埃及人非常崇拜貓咪。甚至將貓咪供奉為神明，而牠們之所以崇高，除了優美的體態，其實就是因為牠們天生非凡的滅鼠本領，幫了當時的埃及人民一大忙。

現代的貓咪其實也具備這本領，牠們雖然看來身型輕巧可愛，但其身體結構與其他貓科動物（如老虎、豹），都是非常非常接近的；簡單的說，貓咪可說是非常迷你的老虎或豹。牠們從裡到外都是確確實實的肉食者，當然也是很厲害的天生捕獵者！

以下，便帶你深入了解貓咪的生理特色與天性。

非凡的視力和聽力

貓咪的夜視能力很好，只需人類 1/6 的光線就能看得見。這是為了方便牠們可以看清夜間才出沒的鼠類。此外，貓隻對深度的感知能力也很優越，使牠們能準確將獵物定位。

細心觀察，貓耳朵雖然向前，但其實可以作出各種角度的細膩微調。這是因為牠們的耳朵有 32 組肌肉，容許牠們朝多方向進行微調，以聽清楚聲音的來源。

更厲害的是，貓咪能聽到 48Hz ～ 85kHz 間的頻率聲音，遠遠超過人類甚至狗能聽到的頻率，而這一種能聽到高頻聲音的本領，有助牠們接收獵物（尤其是老鼠）的叫聲。

POINT 2 特別的嗅覺和味覺

許多人以為只有狗的嗅覺才靈敏，其實貓咪也不賴，起碼比人類的嗅覺強 14 倍！這種天賦當然也是為了幫助牠們嗅出獵物所散發出的體味。

相較於嗅覺，貓咪的味覺就比較遲鈍了！人類舌頭上有 9000 顆味蕾，但貓咪只有 473 顆，而且還因為主要是吃肉的關係，舌頭上的甜味感官已失去功能。這就是為什麼有別於人類或狗，貓咪並不會特別嗜甜。由於正常肉類不應該有苦味（除非有毒），所以貓咪對苦味異常敏感。相信不少人都試過，給貓咪吃藥時，如果藥裡稍有苦味，牠們可能會討厭到口吐白沫，看起來頗嚇人的。

POINT 3 觸鬚和貓爪

貓咪的臉上和前腿後方均長有觸鬚，有定位的作用。這些觸鬚能感應到空氣中微小的顫動，進而將獵物的位置定位。另外，貓咪的獵物通常體積比較小，因此牠們可能必須鑽進狹窄的地方獵食，這時候，觸鬚有助於牠們判斷自己的身體究竟能否穿得過去。

另外，可以隨意伸縮的貓爪是牠們厲害的獵食武器。當貓咪跟蹤獵物時，爪子會保持縮進去的狀態，走起路來輕巧無聲，不會打草驚蛇；但當貓咪撲上去抓住獵物，或者與獵物糾纏時，牠們便會伸出鋒利的貓爪去襲擊並抓緊獵物，防止辛苦抓來的獵物逃跑。

POINT 4　專門處理肉類的口腔設計

如果你了解貓咪的口腔及牙齒設計，你必定會知道牠是百分百的肉食者。狗狗有 42 顆牙齒，但貓咪只有 30 顆。為什麼會有這樣的差異？一來，是貓咪的口腔空間比狗狗小，另外就是貓咪的臼齒數目遠比狗狗還要少。

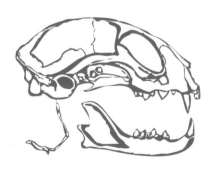

貓咪的牙齒全都是尖的，用來撕開並刺穿獵物的肌肉及骨頭；狗、人類、其他雜食或草食動物都有用來磨碎食物的臼齒，但貓咪的牙齒沒有一顆有平面可供磨碎食物，因為牠們的食物應該是肉類，肉類沒有很多纖維，不用磨碎；再者，貓咪的上下顎雖然強而有力，但只能像剪刀一樣上下開合，並不能像人類或草食動物上下左右都可以動，方便咀嚼。此外，貓咪舌頭上的微小勾勾，除了用來清理毛髮，也有助牠們進食時將肉類從骨頭撕開。

POINT
5

簡短的消化系統

當食物進入我們或狗的口中，消化過程就立即開始。雜食者的唾液中都有澱粉酶（amylase）幫助分解食物中的碳水化合物，但貓咪的唾液中沒有這種物質——因貓咪是肉食者，牠們的食物中根本不應該有大量的碳水化合物。

相較於狗和人類，貓咪的胃部也較細小、構造簡單，因為牠們不應該要處理像雜食者所吃下這般有菜有肉，又可能有穀物的複雜食物。貓咪的消化系統，應只需要處理肉類、脂肪和少量的骨頭、毛髮等。

貓咪腸道的總長度大約為 120 公分，以身體的總長作比例，大約是 3：1，比起狗隻的 4～5：1，或人類的 5：1 都短。這是因為貓咪的腸道只應處理容易消化的肉類蛋白質和脂肪，不需要處理比較難消化的膳食纖維和碳水化合物。所以牠們只需短短 13 小時，就能完成整個消化程序，比人類快了 3 倍。

　　肉類，尤其是生肉的細菌比較多，所以快速完成消化，就能避免肉類裡面的有害細菌或寄生蟲有足夠時間大量繁殖。也可能因為如此，貓咪小腸內的益菌數量濃度，比起狗或其他雜食動物來得高，這不僅能加強抵禦肉類中的壞菌，亦有助於肉類蛋白質及脂肪的吸收。

　　整體來說，以上種種的生理特色都足以證明貓咪天生就是獵食者，牠們的身體構造是被設計來處理肉類，因此無法有效消化植物或複雜的碳水化合物。

了解貓咪真正的營養需求

相信大家從上一篇〈你給貓咪吃什麼，牠們便是什麼〉中已經了解到，身為完全肉食者的貓咪，其身體結構是專為捕獵及消化獵物而發展的。正因如此，貓咪的營養需求也是貓科動物獨有，有別於偏向雜食的狗或人類；那麼，究竟貓咪真正需要的營養是什麼呢？以下將詳細說明。

貓咪獨特的需求

1 ｜不需要碳水化合物

之前提過，貓咪的身體是以蛋白質及脂肪作為主要能量來源，因此碳水化合物並不是牠們飲食中的必需品。相反的，因貓咪體內缺乏某些消化碳水化合物的酵素，攝入過量的碳水化合物反而會令牠們的消化系統不勝負荷，更會影響蛋白質吸收。

貓咪在進食含有大量碳水化合物的食物後，會像人類一樣血糖飆升。但我們要理解，有別於善用碳水化合物的雜食動物，貓咪的肝臟並不能有效的將多餘的血糖清除，將之轉成糖原（glycogen）儲藏，多餘的血糖便會被轉化為多餘的脂肪。若貓咪經常進食大量碳水化合物，以至於血糖經常處於過高狀態，最終很可能會患上糖尿病。因此，進食過量碳水化合物才是現代貓界常見的過胖症及糖尿病的罪魁禍首。

2 ｜動物性蛋白質

大家都知道，人類及其他雜食動物主要靠飲食中的碳水化合物，來製造身體所需的能量。但因貓咪天生是肉食者，牠們天賦的身體機能會盡量利用食物中的蛋白質及脂肪來製造能源，因此，牠們無時無刻都需要蛋白質來維持血糖水平。

有別於狗和人類，就算飲食中不能提供足夠的蛋白質，貓咪的身體仍不會作出特別調節──牠們的肝臟還是會不停分泌酵素，去分解體內的蛋白質來提供能源，以建造新細胞及保持其他身體機能的運作。換句話說，如飲食中攝入的蛋白質不足，貓咪就會自動從肌肉或內臟取出蛋白質，以解燃眉之急；因此，缺乏蛋白質會造成貓咪健康變差、肌肉萎縮、免疫力及身體各項機能都降低。

由此可見，貓咪體內的蛋白質消耗量極高，是飲食中最重要的營養素。平均來說，日常的飲食中，至少一半以上應是肉類或來自動物的蛋白質。

3 ｜脂肪

除了蛋白質外，脂肪亦是重要的能量來源。身為肉食動物，貓咪能有效的利用脂肪中的甘油（glycerol）來製造身體所需的能量。此外，牠們也需要脂肪來存載多種脂溶性維生素，如維生素 A、D、E、K。

有兩種脂肪酸，分別是亞油酸（Linoleic Acid，又即 Omega-6 Fatty Acids）及花生四烯酸（Arachidonic

Acid）更是貓咪飲食中不可缺少的，但貓咪體內並沒有能力自行製造這兩種必需的脂肪酸。

值得注意的是，花生四烯酸僅能在動物身體組織、肝臟及蛋黃內找到，所以貓咪日常飲食中應有足夠來自動物的脂肪。一般來說，來自脂肪的卡路里應佔貓咪每天食用的總卡路里 20% ～ 40%。

缺乏脂肪的貓咪通常會生長緩慢、毛髮及皮膚乾燥、有頭皮屑、無精打采，及容易受到感染。所以，以後請別再一提到脂肪就怕，因為貓咪比我們人類（甚至狗）更需要且更能運用食物中的脂肪啊！

4 ｜牛磺酸（Taurine）

牛磺酸是貓咪飲食中必需的氨基酸，因牠們本身未能製造充足的牛磺酸以供消耗。如貓咪日常飲食嚴重缺乏牛磺酸，不出 2 年就會因中心視網膜病變（Central retinal degeneration）而導致完全失明。而長期缺乏牛磺酸亦會導致貓隻心肌擴張（Dilated Cardiomyopathy）、不育或流產等嚴重症狀。

常見肉類牛磺酸含量表	肉類（每千克）	未經煮熟	已熟（烤焗）	已熟（水煮）
	牛 肉	362 毫克	133 毫克	60 毫克
	羊 肉	473 毫克	257 毫克	126 毫克
	雞 肉	337 毫克	229 毫克	82 毫克

或許受本能的需要驅使，大多數貓咪都特別喜愛含豐富牛磺酸的食物，如蜆肉、蠔、魚類及家禽類和心臟，都含豐富的牛磺酸（參見左頁表格）。

雖然自 90 年代起，絕大部分貓糧都已特地加入牛磺酸，但要留意的是，牛磺酸很容易在高溫處理下流失。以一隻約 5 公斤重的成貓為例，若每天飲食中能提供 60 ～ 80 毫克的牛磺酸便已足夠。

5 ｜精氨酸（Arginine）

精氨酸是貓、狗都必需的氨基酸。但有別於狗，貓咪並不能自行製造足夠的精氨酸，所以牠們所需的精氨酸只能從食物中攝取。

精氨酸在尿素製作過程中扮演非常重要的角色。若貓咪吃了一餐嚴重缺乏精氨酸的膳食，牠很可能在數小時內便會中阿摩尼亞毒（Hyperammonia）。這是因為沒有足夠的精氨酸，貓咪體內多餘的阿摩尼亞就無法被分解及製造成尿素，以致無法排出體外。

不過，若貓咪有恰當的日常飲食（即以肉類為主），就不必擔心缺乏精氨酸，因動物組織內都含大量的精氨酸。

6 ｜來自動物的活性維生素 A

人類和狗都能將蔬果中的胡蘿蔔素轉化成活性維生素 A。但因貓咪的身體結構並沒有這種轉化功能，所以牠們必須直接攝取來自動物的活性維生素 A。

維生素 A 有助於保持視力、骨骼、肌肉、皮膚及生殖系統的健康。魚肝油、動物肝臟、蛋黃、奶類製品等，都是含豐富活性維生素 A 的天然食物（尤其是魚肝油及肝臟）。

不過要提醒大家，雖然為必需維生素，又是有效的抗氧化劑，但礙於維生素 A 屬脂溶性維生素，長期服食過量維生素 A，會積聚於體內，對貓咪造成傷害（詳情請參閱 P.140）。

7 ｜維生素 D

維生素 D 對保持體內鈣與磷的平衡、鈣質吸收和骨骼生長等都極為重要。人類的皮膚能透過曬太陽自行製造維生素 D，但貓咪的皮膚卻因沒有足夠的 7-dehydrocholesterol（一種維生素 D 的前驅物），以致未能利用陽光中的紫外線來製造牠們所需要的維生素 D。

這樣的生理設計，是由於貓咪作為全肉食者，肉食當中的動物脂肪及肝臟就足以供應牠們所需的維生素 D，不必多花氣力去自行製作。所以，若貓咪的日常飲食不是以肉類為主，又或者太少動物脂肪、不包括任何肝臟，就真的有可能缺乏維生素 D。

現在市售的貓飼料一般都已補充了維生素 D，大家不需太擔心。但自製貓鮮食時就要特別注意了。

8 ｜維生素 B 群

維生素 B 群對於神經系統、皮膚、毛髮、眼睛、肝臟、肌肉以及腦部的健康都具重大影響。比起狗，貓咪對多種維生素 B 群的需求高出 6 ～ 8 倍！

維生素 B 群多屬水溶性維生素。換句話說，它們並不會被儲存於食用者之體內，所以貓咪每天都要攝取足夠的分量，加上維生素 B 群很容易在高溫處理的過程中流失，所以市面上多種優質貓糧都已在食物中加進額外的維生素 B 群，大家就不需要再額外補給。

但對於某些患病體弱或飽受壓力（如剛搬家或家裡有新成員）的貓咪，額外的維生素 B 群補充卻是不可缺少的（詳情請參閱 P.132）。

水，是最基本的營養

一隻貓可以忍受饑餓長達數星期，耗盡體內的肝糖和 50% 的蛋白質儲備，甚至只剩下原來體重的 40%，都仍然可以勉強生存；但如果沒有任何水分供應，貓咪很可能連一星期也熬不過！

由此可見，水可算是貓咪的生命之泉，是最重要也是最基本的營養。貓咪體內每個細胞都需要水分運作，體溫也要靠水分維持，無論消化或排泄功能也需要水分滋潤才能進行。但許多貓家長基於便捷，或誤信以為乾飼料是最好的，往往忽略了貓咪對水分的需求，使牠們日日夜夜都缺水。

難道所有貓咪都那麼笨，口渴不懂自己去喝水嗎？貓咪當然不笨，但由於牠們的祖先源自缺乏水源的沙漠，身體已被預設為從獵物的身體攝取所需的水分，而牠們所捕獵的小動物的身體，約 70% 或以上都是水分（這比例其實和貓罐頭的含水量相當）。牠們被設定不靠喝水來補充水分，口渴機制比狗和人類都遲鈍得多，因此，如果你看見貓咪主動喝大量水的話，其實牠體內已缺水非常嚴重。

究竟喝多少水才夠？

一隻貓每天所需的水分，相當於每天所需的卡路里。粗略估計，每 kg（貓咪體重）就需要 60ml 的水分。也就是說，如果貓咪的體重是 4 kg 的話，牠每天所需的卡路里大約為 240kcal，每天所需水分也大概是 240ml。

若上述貓咪以含 80% 水分的貓罐頭為主食，每天需要吃 3.5 罐 70g 裝的罐頭，以提供牠每日所需的 240 卡路里，那麼，牠還需要額外多喝多少水，才能滿足每天所需的 240ml 水分呢？

STEP 1

體重 4 kg 的貓咪每天所需水分：

約為 240ml

STEP 2

罐頭所提供的水分：

$70 \times 0.8 \times 3.5 = 196ml$

STEP 3

消化過程所產生的水分（貓咪每吃下 100 kcal 會產生約 11.5 ml）：

$2.4 \times 11.5 = 27.6ml$

STEP 4

貓咪需要靠喝水來補充的水分：

$240 - 196 - 27.6 = 16.4ml$

　　以上計算結果顯示，貓咪若以罐頭為主食，就已攝取約 93% 每天所需的水分。牠只需額外補充約 7% 就足夠了。因此，你很少會看到吃罐頭為主的貓咪喝水，因為牠們的攝水量已足夠！

　　但若這 4 kg 重的貓咪的主食是水分僅佔 10% 的乾飼料，每天進食大概 90 g 以提供所需的 240 卡路里。牠又需要額外多喝多少水，才能滿足每天所需的 240 ml 水分呢？

STEP 1

體重 4 kg 的貓咪每天所需水分：

約為 240ml

STEP 2

乾飼料所提供的水分：

90 × 0.1 ＝ 9ml

STEP 3

消化過程所產生的水分（貓咪每吃下 100 kcal 會產生約 11.5 ml）：

2.4 × 11.5 ＝ 27.6ml

STEP 4

貓咪需要靠喝水來補充的水分：

240 － 9 － 27.6 ＝ 203.4ml

也就是說，乾飼料僅能提供貓咪每天所需水分的 4%，絕大部分的水分都要靠貓咪自己喝水補回來；但要貓咪自發性去喝 200ml 的水，是不太可能的事！因為牠們的口渴機制並不發達。

此外，有研究發現，縱使吃乾飼料為主的貓咪，喝水量比吃罐頭的貓咪多達 6 倍，但真正攝取到的水分還是只有吃罐頭貓咪的 50%。說白點，整天吃乾飼料的貓咪，無論喝多少水，其實都還是處於缺水的狀態。難怪越來越多貓咪明明還算年輕，卻「無緣無故」的患上慢性腎衰竭。這，就是長期慢性缺水帶來的惡果。

水分不足，小心尿結石

　　許多人以為，食物中若有過多「灰質」（Ash），也就是礦物質含量，就會容易導致尿結石，其實不然。近年的研究都已證明，貓咪的排尿量及尿液的酸鹼度才是影響結石形成的主要因素。還不相信？大家不妨在家裡試試以下小實驗：

STEP 1

預備 3 個玻璃杯，分別倒入 50ml、100ml、250ml 的常溫清水。

STEP 2

每個杯子中加入 1 湯匙的粗海鹽，然後攪拌，直到所有海鹽都溶解。

STEP 3

仔細觀察海鹽在 3 個杯子的狀態。

"

　　結果如何？ 50ml 的那杯水，無論怎樣努力攪拌，還是有大量海鹽未能融化，對嗎？這是因為水量太少，很快就飽和，不能再溶解更多的海鹽。100ml 的水，則能溶解大部分的海鹽。至於水量 250ml 的那杯水，稍微調勻一下，全部海鹽都能溶解，杯底也沒有剩下任何海鹽結晶。

　　這顯示了，水分越多就越能稀釋礦物質，也就不容易產生礦物結晶體。所以，要成功預防貓咪下泌尿道問題，必須提升貓咪的排尿量，讓牠的尿液濃度（Urine specific gravity, USG）降低，結晶就不會那麼容易形成。

但近年有不止一個研究發現，有別於食物中的水分，喝下去的水分並不會有效增加貓咪的排尿量。2010 年，有實驗嘗試了解流動水機對吃乾飼料貓咪攝取水分的影響；結果發現，雖然有了流動水機，貓咪喝水量有增加，但對總排尿量及尿液濃度都沒有影響。

這情況對吃乾飼料的貓咪簡直是雪上加霜！每天所攝取的水分已不夠，還沒辦法增加排尿量。這又解釋了為何現代貓咪會有那麼多尿道或膀胱結石、堵塞問題，而且還經常復發。其實只要轉吃水分高的食物，貓咪泌尿問題復發的機率就會降低至少一半。

雖然添置流動水機、在水裡放貓薄荷、另外弄湯給貓咪喝，都可以鼓勵貓咪額外喝多點水分，但若貓咪的主食還是乾飼料，這些額外喝下的水分並不會有效增加排尿量，每天的總水分攝取量雖有進步，但還是會不足。

所以，若不想貓咪過早有腎病、不想牠經常有尿道問題，還是為牠轉吃水分高的貓罐頭或學習自製含豐富水分的貓鮮食吧！

貓咪的理想飲食

既然貓咪有獨特的營養需求，那麼，究竟什麼食物才是牠們的理想飲食呢？

答案是：大自然為牠們預備的食物，才是牠們應該吃的食物。野生貓咪的天然食糧有老鼠、小型雀鳥，有時甚至包括小兔、小青蛙及一些小昆蟲等。當然，居住在城市的貓咪根本沒有機會去捕獵，即使家有花園，我們也不希望貓咪會濫殺小動物！其實要貓咪吃得天然健康，就正如紐約獸醫 Dr. Deborah Greco 在 2003 年美國獸醫學會的會議中評論：「我們一定要以貓咪的天然食糧（這裡指老鼠）作指引。」

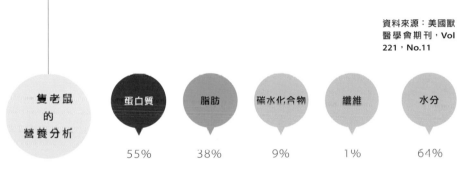

資料來源：美國獸醫學會期刊，Vol 221，No.11

一隻老鼠的營養分析

蛋白質	脂肪	碳水化合物	纖維	水分
55%	38%	9%	1%	64%

* 以乾物質（Dry Matter）計算

"

轉換成一般健康成年貓咪的理想飲食，應該是：

1. 至少有一半是動物性蛋白質：不少於 45% Protein*
2. 中度適量的脂肪：約 25 ～ 45% Fat*
3. 非常少量的碳水化合物：不多於 10% Carbohydrates*
4. 非常少量的膳食纖維：不多於 2% Fiber*
5. 足夠的含水量：不少於 63% Moisture

"

大家在選購貓咪飼料時，不妨多參考以上建議的比例。再者，選購飼料時還有什麼需要注意的？下一章節再繼續。

　　貓科動物的生理結構及獨特營養需求，都已清楚證明你我家裡的貓咪是全肉食者了（Obligate Carnivore）。

　　但不少人由於本身是素食者，就想要貓咪跟著吃素。加上近年市面上開始多了自稱會讓貓咪更健康的 "Complete and Balanced" 素食飼料，有些更稱符合美國飼料管理局（AAFCO）的規格。但這些只是數字上合格而已。同量的蛋白質，來自鮮雞肉跟來自豆類，對貓咪來說差別就很大；因為貓咪的消化系統讓牠無法有效消化、吸收及運用來自植物的營養素。所以，對貓咪來說，植物性蛋白質的生物價值（biological value）很低。

之前也說過，由於貓是全肉食性動物，有些營養素，如牛磺酸（Taurine）、精氨酸（Arginine）、活性維生素 A 等，主要得從肉類才能攝取到。雖然現今的市售貓飼料都加進了人工合成的牛磺酸及其他貓咪必需的營養素，但身體是很敏感的，能夠分辨哪些是天然，哪些是人造，吸收及運用率也不一樣。尤其，素食貓飼料中，絕大部分維生素及礦物質，不是來自植物就是人工合成的，能讓貓咪好好吸收並運用的其實並不多。

有些素食家長可能會不服氣，覺得他們的貓咪已吃素食飼料超過一年，健康各方面都不錯，那又怎樣解釋？不少素食貓咪（尤其在歐美國家）的家裡也有庭院，牠們很可能在家長沒發現時，自己捕獵小昆蟲，甚至小動物作補充，所以身體沒出現營養不良的狀況。再者，許多營養不良的病徵很可能在幾年後才出現，到出現時，家長或獸醫未必能即時意識到原來是全素食導致的。

素食飼料另一大問題，就是容易導致下泌尿道病症（FLUTD）。正常貓咪的尿液酸鹼值應維持在微酸的 pH 6.0 ～ 6.5。但若貓咪攝取大量植物性食物，牠所排出的尿液就會偏鹼性（pH>7.0），容易導致貓咪膀胱或尿道結有鳥糞石（struvite）。於是，有素食貓飼料製造商就特地加進如 methionine、sodium bisulfate 和維生素 C 等酸化劑。但長期服用這些酸化劑，又有些貓咪的尿液反而會被過度酸化，容易有草酸鈣（Calcium Oxalate）結石。這種結石比鳥糞石更難解決，不能靠食物或藥物溶化，只能動手術取出。公貓特別容易因結石導致尿道閉塞，不但痛苦，而且若 24 小時內不能排尿，更會有生命危險。

我絕對不認同硬將自己的道德觀念及意願投射在沒選擇權的貓咪身上，所以我反對給貓咪吃全素，無論是自製或市面現成的。每樣生物都應遵照合乎其物種的飲食，就像牛羊應吃全素一樣。違反大自然定律或生理設計，必定會有反效果。

如果你愛你家的貓咪，又不想殺生的話，可以勸身邊的家人朋友吃素，這樣不僅能拯救其他動物的生命，也能讓你所關心的人更健康，更不會因此犧牲貓咪的健康！

如何選擇優質貓糧

各種貓狗乾飼料及罐頭大約是在 60 年前才出現。它們的出現,滿足了現代人生活的三大原則——快捷、方便、經濟,但卻未必能適當的滿足寵物真正的營養需求。

久而久之,大部分人便以為貓咪天生就要吃一包包的市售貓飼料。而更大的誤解,就是以為貓咪年復一年,每天都只吃相同牌子的貓糧,牠們就會健康成長、營養均衡。但試想想:若你一生每餐只吃同樣的精製早餐穀糧,你會不悶嗎?你會健康嗎?縱使貓咪是完全肉食者,也並不代表牠們的飲食不需要多元化。

事實上,要貓咪健康活潑,牠們也必須從適當的天然食物中吸收各種不同的營養。如果你還未有信心或時間去學習自製貓鮮食,那就一定要懂得選購最好、最適合家裡貓咪的市售貓食糧。

為愛貓選購食糧的正確心態

相信絕大部分的家長在為愛貓選購食糧時,都以貓咪的健康和喜好作出發點。這本來是愛心的表現,是件好事,但若抱著錯誤的心態去進行,到頭來很可能會選擇了不適合自己的貓咪,或對牠健康無益的食糧;然後,又再次為選購貓糧而苦惱,簡直是個惡性循環。所以,選購貓食糧時,千萬別抱著以下錯誤心態:

🚫 1 ｜ 羊群效應

如果這陣子有許多網友都購買某某牌子的貓飼料，並在討論區上大讚自己的貓咪如何瘋狂喜歡吃，吃了此飼料後大便不再臭等，你是否會在衝動之下，未查清楚此產品的質量、材料，及它能否配合你家貓咪的個別需要，就跟著大家購買此糧？如果你曾這樣做的話，希望你在閱讀本書後，會仔細分析、考慮清楚後才買糧，不再成為從眾的「阿羊」！

🚫 2 ｜ 受知名度或包裝、宣傳影響

別光靠食糧品牌的知名度或宣傳去取捨！因為貓咪吃的並不是名氣、亮麗的包裝或五花八門的贈品。有些大品牌會灑大錢去為飼料拍廣告，甚至找名人代言，但一看材料列表，就知道錢都不花在包裝裡的食物。我們真正要關心的，是產品的用料及它們的素質。

🚫 3 ｜ 過分信賴別人的推薦

每次有家長問我什麼品牌的貓飼料或貓罐頭最好，我都不懂怎樣回答，所以索性不答。第一，這市場上沒有一種「最好」的寵物食糧，就算是同一種貓糧，不同貓咪吃了也會有不同的反應。第二，我不希望讀者過度依賴別人的推薦（包括寵物店店員、繁殖者、我、其他有關專業人士，甚至獸醫）。不是叫你別信任何人，你可聽取他們的專業意見，但自己也要獨立思考，查看產品的成分、營養特性，來判斷究竟是否適合自己家中的愛貓。身為家長，你應該最清楚牠的個別需要，而不是盲目聽從。

以上說了幾種常見的錯誤心態，那麼，正確的選糧心態又該是如何呢？

○ 細心查閱成分及營養分析

貓糧的好壞，最主要取決於它所用的材料。問題是，市面上的貓糧多是由外國進口，成分標示也大多是外語，少有詳盡中文翻譯。若標示是使用英文以外，看不懂的外國語言，你可以嘗試向有關的糧食代理商反映，要求提供成分的翻譯。

○ 認真考慮愛貓的特別需要

就算鎖定了目標，也要認真考慮它能否配合愛貓的個別需要，如：貓咪個別的健康狀況（有沒有對某種食物敏感、過重或過瘦等），或貓咪的喜好（對貓糧形狀的喜惡等）。

看懂貓飼料與罐頭的成分包裝

許多貓家長在選購食糧時，都比較注重品牌的口碑，或是否合乎某某機構（如美國動物飼料管理組織AAFCO）的認證。但其實任何現成的食品，無論是給人類或寵物服用，要斷定質量，最關鍵的是包裝裡面是什麼，而不是包裝外的數字或宣傳文字。這些數字只供參考，它們並不包含最重要的資料——營養的來源（即食物材料）。

曾經有位獸醫為了證明這點，研製了以下「舊鞋狗糧」成分分析表來抗議：

舊鞋狗糧
成分分析

註：請不用擔心，此食譜只用作示範抗議，並沒有被生產成真正的狗飼料。

材料

· 4 雙舊皮鞋
· 1 加侖用過的機油
· 1 桶已壓碎的煤
· 68 磅水

營養分析

10% 原態蛋白質（Crude Protein）
6.5% 原態脂肪（Crude Fat）
2.4% 纖維

雖然以上「舊鞋狗糧」的營養成分達到 AAFCO 的標準，但相信沒有家長會在知情的情況下，仍餵飼這種用舊鞋當材料的狗糧吧！這說明了寵物食糧就算達到數字上的標準，也不能保證食糧的品質。

2007 年曾發生 Menu Food 寵物食糧回收事件，就是因為有中國黑心食材供應商，為了增加利潤而在小麥麩質（Wheat Gluten）及濃縮米蛋白（Rice Protein Concentrate） 中，加進化學物三聚氰胺（Melamine），以增加食材中的氮（Nitrogen）含量，令買家以為其蛋白質含量高，而賣得更高價錢。這不負責任的行為，當時造成超過 8500 隻貓狗死亡，超過 150 款貓狗飼料回收，是近年來最大規模、最嚴重的寵物飼料回收事故。所以，數字不代表一切！食材的品質才能代表食糧的素質，更是能影響你家貓咪的健康關鍵。

由天然優質食材製造的貓咪食糧，能讓貓咪容易消化及吸收，滋養牠們的生命；相反的，劣質材料製成的貓咪食糧，或許能讓貓咪生存，但卻同時為貓咪體內帶來許多消化不了的廢物、毒素及種種健康危機。市售寵物糧食的用料素質參差不齊，若要貓咪健康，必定要注意食物內的材料。

閱讀成分標籤時，首先要知道，材料是以其重量比例排列的。換句話說，含重量比例最高的材料便會被優先列出，最少的則在最後。所以當一種貓糧的前五種材料中，有一至兩種是高素質的動物蛋白質，才算理想（動物性蛋白質是貓咪最重要的營養來源）。要留意的是，鮮肉（如雞肉、牛肉、羊肉等）因為含水量極高，重量自然比其他材料高，所以若材料標示上以雞肉排第一，然後直至第七、第八項材料仍未出現另一種高素質的動物蛋白質，如另一種鮮肉或雞肉粗粉（Chicken meal）、羊肉粗粉（Lamb meal）等，這種貓糧並不算含有大量動物蛋白質。

貓飼料／貓罐頭選購指南

1

建議不要選購任何含有人造色素、味精或化學防腐劑如 BHA、BHT、Ethoxyquin 等的貓糧。應選擇採用天然防腐劑，如維生素 C、維生素 E 及迷迭香油（Rosemary Oil）的天然貓糧。

2

建議不要選購任何含有肉類 副 產 品（Animal By-Products）、家禽副產品（Poultry By-Products）或來自任何動物的消化物（XX Digest, 如 Chicken Digest）的貓糧。

3

建議不要選購任何含有未指明動物來源的蛋白質或脂肪的貓糧，如動物脂肪（Animal Fats）、肉類粗粉（Meat Meal）或家禽脂肪（Poultry Fats）。因那些都可能是來路不明的劣質材料。

4

建議不要選購任何有額外糖分添加的貓糧，如玉米糖漿（Corn Syrup）、蔗糖（Cane Molasses）、山梨醇（Sorbitol）。額外的糖分不但營養零分，更會引致糖尿病或過重等。

5

請選擇含有大量高素質動物蛋白質的貓糧。

6

盡 量 避 免 選 購 含 有 小 麥（Wheat）、玉米（Corn）、黃豆（Soy）或任何來自它們的零碎物（如 Corn gluten meal、Wheat Gluten meal）的貓糧。因這幾種穀物比較容易令貓咪敏感。

7

優質的天然貓糧應盡量採用完整的蔬果，減少採用它們的零碎物。

8

必須清楚列出生產地。

做到以下幾點，優質貓糧更加分！

1 ｜ 除了一般印在包裝上的「有效期限」（Expiration date）或「請在此日期前食用」（Best if used by），生產商還提供容易閱讀及理解的生產日期代碼。如「021805」代表生產日期是 2005 年 2 月 18 日。另一種常用的美式生產代碼可能是「18105」，表示產品於 2005 年的第 181 日生產。採用天然防腐劑的貓糧通常能保存大約 1～1 年半（由生產日期計起）。貓糧愈新鮮，其營養質量的流失量就愈低。

2 ｜「營養分析保證」（Guaranteed Analysis）中所列出的項目愈多愈好。法律只規定生產商列出關於原態蛋白質（Crude Protein）、原態脂肪（Crude Fat）、原態纖維素（Crude Fiber）和水分含量（Moisture）的含量分析。若生產商額外提供其他營養素的分析，就能更了解此貓糧的營養成分。

3 ｜ 生產商在標籤上列出貓糧的卡路里含量（Caloric Content），對你在選擇貓糧，或決定餵食分量時都非常有幫助。

4 ｜ 包裝上能找到生產商的詳細聯絡資料（如電話號碼、地址、網址等）。

5 ｜ 標籤上註明此貓糧已通過 AAFCO 的餵飼測試（Feeding Trial）。若通過測試，包裝上會有以下聲明："Animal feeding trials using AAFCO procedures substantiate that（the food）provides complete and balance nutrition."（雖然我認為這項測試僅為期六個月實在太短，及接受測試的貓隻數量太少。）

6 ｜ 採用經認證的有機（Organic）材料的貓糧特別值得推薦。因有機材料不含農藥、賀爾蒙或其他有害的化學物質。

7 ｜ 近來全球性的寵物食糧回收事件屢見不鮮，有些糧商不但表明生產地，更清楚列出所有材料的來源地。例如："All ingredients are sourced and made in the U.S.A" 即表明此食糧不但是在美國生產，其所有食材也是來自美國本土。

有害成分
中英對照

以下列出部分劣質寵物
糧食成分（詳細資料由
美國動物飼料控制組織
AAFCO 提供）

肉類副產品
Meat
By-Products

· 來自已被屠宰的哺乳類動物
· 未經高溫熔化的潔淨動物部位
· 不包括任何肌肉
· 包括（但不限於）各種內臟、腦部、血、骨
　及已被掏空的腸胃
· 不應但不排除含有在良好生產過程中難以避
　免的毛髮、角、牙齒或蹄

家禽副產品
Poultry
By-Products

· 來自已被屠宰的家禽的潔淨部位
· 不經高溫熔化
· 包括頭部、腳部、血管等
· 不應但不排除含有少量在良好生產過程中，
　難以避免的糞便或外來物

肉類副產品粗粉
Animal
By-Product Meal

· 已經高溫熔化及磨碎的潔淨牲畜部位
· 不應但不排除含有少量在良好生產過程下，
　仍難以避免的毛皮、角、糞便及腸胃內的消
　化物

肉類
Meat

· 來自已被屠宰的哺乳類動物的肌肉
· 包括舌頭、橫隔膜、心臟或食道內的肌肉
· 或許包括／不包括附帶的脂肪、表皮、筋、
　神經和血管

肉類粗粉
Meat Meal

· 經高溫熔煉及磨碎的哺乳類動物的身體組織
· 不應但不排除含有少量在良好生產過程中，
　難以避免的毛皮、角、排泄物及腸胃內的消
　化物

玉米糠
Corn Bran

· 包著玉米粒的外衣
　筆者註：含少量或完全沒有玉米胚芽中有營養及
　澱粉質的部分

玉米麩粉
Corn Gluten Meal

· 由玉米粒抽出大部分胚芽後的乾殘餘物

小麥粉
Wheat Flour

· 主要由小麥粉製成，加上小麥糠、小麥胚芽
　及研磨後的殘餘物

小麥胚芽粉
Wheat Germ Meal

· 主要由小麥胚芽製成，加上少許小麥糠及研
　磨後的殘餘物

甜菜纖維
Beet Pulp

· 來自甜菜頭的乾餘渣
筆者註：含有纖維但糖分含量極高

大豆粉
Soybean Meal

· 由已被抽乾黃豆油的黃豆磨製成

花生殼
Peanut Hull

· 花生殼

　　各種化學防腐劑、人造色素、人造調味料等都可能在貓糧內找到。這些添加劑沒有任何營養價值，有些更是不必要的（如人造色素——因動物根本不介意食物的顏色）。以下列出部分常用於寵物糧食的有害添加劑，請盡量避免。

🚫 1 ｜ Butylated hydroxyanisole(BHA) 及 Butylated hydroxytoluene(BHT)

・化學抗氧劑，可防止脂肪腐壞
・長期以來被懷疑可致癌
・可能導致天生不足、肝臟及腎臟損壞等問題

🚫 2 ｜ Propyl Gallate（三羥苯甲酸丙酯）

・化學防腐劑
・可能造成肝臟損壞

🚫 3 ｜ Propylene Glycol（丙二醇）

・基本上等同毒性較少的防凍劑（antifreeze）
・對各內臟都有毒

🚫 4 ｜ Ethoxyquin（乙氧基奎寧）

・原用於橡膠工業的穩定劑
・毒性強的化學防腐劑
・據部分實驗證明及獸醫觀察，與免疫力功能失調、肝臟及腎臟功能衰退、皮膚癌、胃癌、胰臟癌及肝癌等有相當的關聯

🚫 5 ｜ Sodium Nitrate ／ Sodium Nitrite（硝酸鈉／亞硝酸鈉）

・用以穩定肉類色素的化合物
・有致癌危險

🚫 6 │ **Menadione Bisulfate Complex**

（維生素 **K3**）

・人工合成維生素 K
・許多歐洲國家已全面禁用；美國食品及藥品管理局亦禁止此合成維生素 K 作為人類補充品售賣
　・德國研究指出：對肝臟細胞有毒，能導致溶血性貧血和高膽紅素血症
　・又經常被生產商稱為：menadione sodium bisulfate、menadione sodium bisulfite、menadione dimethylprimidinol sulfate、menadione dimethylprimidinol sulfite、menadione dimethylpyrimidinol bisulfite、"source of Vitamin K"、"Vitamin K activity" 或 Vitamin K3

　　其實某些以上列出的化學物，也用於人類的加工食品。但我們大多數不會年復一年、日復一日的吃同一樣食品。許多貓咪卻沒得選擇，每餐都吃同時含有多種有害化學添加物的貓糧，這些化學物並不會被身體自然排出，只會在內臟（特別是肝臟）裡慢慢積聚，不知不覺中荼毒貓咪的健康。

為什麼乾糧不適合作貓咪主食？

相信大部分貓咪家長都給貓咪吃乾飼料作主食，因為既方便、營養又濃縮，加上獸醫或身邊貓友大都推薦乾飼料，認為其對貓咪整體健康及牙齒都好。但請恕我直言，以乾糧作為貓咪主食，其實是為了人們的方便著想，多過為貓咪的健康著想。我跟多位外國動物營養師及整全性（Holistic）獸醫的想法一致：乾糧並不適合作為貓咪的主食。以下將詳述原因。

乾糧含過多碳水化合物

因貓咪是完全肉食者，主要能量及營養來源應來自動物性蛋白質及動物性脂肪，而不是碳水化合物。嚴格來說，若貓咪日常飲食中有足夠的動物性蛋白質及脂肪，則牠們不需要碳水化合物，也可以健康生存。無奈因製作工序、成本控制等因素，一般給貓咪食用的乾糧往往含有大量穀物，導致碳水化合物含量高達35～40%。上文也跟大家解釋過，貓咪的身體結構並不善於處理大量碳水化合物。如牠們長期吃含大量碳水化合物的食物，患上糖尿病及肥胖症的機會將大大提高。

長期只吃乾糧，易導致下泌尿道症侯群（Feline Lower Urinary Tract Disease）

曾經在網上認識一群貓友，她們都被同一個問題困擾：為何已特地買頂級的天然貓糧給貓咪吃，牠們最終還是得到貓科下泌尿道症侯群（包括膀胱結石、尿道結石、尿道阻塞等痛苦症狀）？原因是：她們的貓咪長期以來都以乾糧作主要食糧。

由於貓科動物源自水源缺乏的沙漠地帶，牠們的身體設計是從食物中吸取大部分所需的水分。牠們捕獵的小動物（如老鼠、小鳥等）所含水分通常也不少於60%。另外，也因源自沙漠，牠們的口渴機能也不如狗及人類等敏感。這解釋了為何大部分的貓都不怎喜歡喝水。（詳細解釋請參閱 P.23）

要注意的是，乾糧的含水量只有 8～11%。以乾糧作主食的貓咪雖已比吃濕糧的貓咪多喝水，但相比之下，牠們真正吸收到的水分仍比吃濕糧的貓少一半。這使長期只吃乾糧的貓陷入慢性缺水的狀態，令排尿量減少、尿液過度濃縮，日後容易出現泌尿系統（腎臟、膀胱、尿道）的毛病。

乾糧對貓咪尿液的酸鹼度也有直接影響。近 10 年來，越來越多貓咪受尿道或膀胱結石困擾，其中以鳥糞石（Struvite Stone）最為普遍。若貓咪的尿液過鹼（pH 值高於 7.1），鳥糞石便很容易形成。相反，若能保持貓咪的尿液微酸（pH 值不高於 6.6），鳥糞石則難以形成。科學家已證實，以肉食為主的野貓通常會排出 pH 值偏酸（6.0～7.0）的尿液；以植物為主食的動物（herbivores）所排出的尿液則呈鹼性。由此可見，植物性食物（包括穀物、蔬菜）會使尿液 pH 值提高（pH 值越高＝越鹼）。偏偏絕大部分的乾糧都含大量穀物，若貓咪以乾糧為主食，尿液的 pH 值就可能因此提高，造成鳥糞石形成。

為了解決這個問題，某些處方乾糧特地加入化學酸化劑，同時也嚴格限制礦物質含量（又稱灰質"Ash"），尤其是鎂（Magnesium）。但是物極必反，長期服用這種處方乾糧的貓咪，很有可能因尿液被過度酸化，導致另一種結石——草酸鹽石（Oxylate Stone）的形成。嚴重的話，腎臟功能也會受影響。

　　其實，最有效防治貓科下泌尿道症侯群的方法就是讓貓咪吃得天然，讓牠們吃牠們本應吃的食物（即以蛋白質及含水量高的肉類食品為主）。所以，為了貓咪的健康著想，千萬別以乾糧作為牠們的主食。優質的濕糧（自製或貓咪罐頭）才是最接近貓咪理想飲食的主要食糧。

各種食糧的主要營養成分比一比	老鼠	罐頭 *（成貓糧）	乾糧（成貓糧）
蛋白質（％）	55	45	32
脂肪（％）	38	25	22
碳水化合物（％）	9	20	35
纖維（％）	1	3	2
水分（％）	64	76	10

＊資料來源：美國獸醫學會期刊，Vol 221，No.11

對罐頭濕糧的誤解

　　水分對貓咪的重要性，在 P.23 已跟大家詳細解釋過，也一再重申貓咪必須要以水分高的食物作主食，整體攝水量才會足夠。照理說，除了自製貓鮮食外，市售貓罐頭應是不錯的選擇。可是，相信你也聽過不少貓友勸其他愛貓家長不要餵濕糧，認為除了對牙齒有害，多防腐劑又少營養……質量差、重味精的濕糧當然存在，但以上種種對濕糧的指控，大部分都是誤解，現在就讓我為以上誤解一一作出平反：

1｜濕糧的確對牙齒沒有特別的益處，但吃乾糧並不如大家想象中對牙齒有益，最有效還是為貓咪刷牙及定期作口腔檢查。

2｜製造罐頭的過程（Canning）本身就是個防腐程序。它會把罐內的空氣逼出，形成真空環境，因此並不像乾糧，需要大量天然或化學的防腐劑，也能將食物保存。

3｜許多人對寵物食糧包裝上的營養分析數據有誤解，以為上面列出的數字，就是真正的營養含量，其實並不然。這種誤解也造就了多數人認為罐頭濕糧營養較乾糧遜色的錯覺。

　　要擊破這誤解，首先我們要了解美國動物飼料控制中心（AAFCO）所設定的營養標準都是以 "Dry Matter"（乾物質，即完全沒有水分的物質）計算，但在大部分寵物食糧的營養分析表所列出的，卻是連食物中的水分亦計算在內的「原態」（Crude）營養含量。

要比較不同含水量食糧的營養價值，必須將其概約營養含量轉成 "Dry Matter" 的形式，否則根本無法比較。

以下列出同一品牌、同一系列（亦是天然、優質的產品）的乾糧和罐頭濕糧的營養分析：

	A 牌乾糧	A 牌濕糧
原態蛋白質（Crude Protein）	最少 36.0%	最少 11.0%
原態脂肪（Crude Fat）	最少 20.0%	最少 7.0%
原態纖維質（Crude Fiber）	最多 2.5%	最多 1.5%
水分含量（Moisture）	最多 10.0%	最多 74.0%

乍看上述表格數字，濕糧的營養含量似乎明顯比乾糧低。但看看它們的水分含量相差多遠！要真正公平的比較，請以 "Dry Matter" 計算，方法如下。

以 Crude Protein 為例，要計算乾糧的真正蛋白質含量（Actual Protein）：

STEP
1

計算其不含水分的比例＝
100% － 10.0%（水分含量）
＝ 90%（即是 0.9）

STEP 2

Actual Protein (Dry Matter Basis) % =

$$\frac{36.0 \text{ Crude Protein}}{0.9 \text{ 不含水分的比例}} = 40.0\%$$

讓我們也用相同的方法來計算上述濕糧的真正蛋白質含量:

STEP 1

計算其不含水分的比例 =
100% − 74.0%（水分含量）
= 26%（即是 0.26）

STEP 2

Actual Protein (Dry Matter Basis) % =

$$\frac{11.0 \text{ Crude Protein}}{0.26 \text{ 不含水分的比例}} = 42.30\%$$

以下,計算出其他營養素在 **Dry Matter** 情況下的真正含量:

	A 牌乾糧	A 牌濕糧
真正蛋白質含量	最少 40.0%	最少 42.3%
真正脂肪含量	最少 22.2%	最少 26.9%
真正膳食纖維含量	最多 7.8%	最多 5.8%

排除水分差異，我們可看到濕糧的營養價值反而比乾糧高！其實這裡所計算出的差別已算少，若以比較大眾化、用料普通（不是全天然）的乾糧和濕糧作比較，差別會更大。大家不妨拿家中現有的乾糧和濕糧，練習計算它們的 "Dry Matter" 真正營養含量。

轉換食糧的重要性

本書中，我反覆提醒大家食物多元化對貓咪健康的重要性。因長期只吃同一種食物，或同一配方、組合的食物，很有可能導致營養不良、產生食物敏感、對食物嫌惡或相反的令貓咪上癮，不肯接受其他食物。

如你貓咪的主食是市售食糧，該多久轉一次糧呢？

1 ｜乾糧
因乾糧的配方十分複雜，貓咪的腸胃需要時間適應，太常轉換會令腸胃不適。建議每 3 ～ 4 個月轉換一次。

2 ｜濕糧
建議你為愛貓選定至少 3 ～ 4 款不同口味、用料優良，又能配合貓咪個別需要的濕糧。如此一來，每天的濕糧口味都可更新，保持新鮮感。

希望讀到這裡，你們都明白，要貓咪得到健康，就要讓牠們吃得天然。要尊重及接受牠們是完全肉食者，應以肉類，而不是穀類或植物為主食。雖然貓咪有很多特別的營養需要，但只要大家以天然食材為原則，再多加留意，要貓咪吃出健康，就不是件太困難的事。

貓咪牙齒健康？絕不能靠乾飼料！

根據估計，3 歲以上的貓狗 85% 都有某種程度的牙周病（Periodental disease）。

牙周病最初是由牙菌膜（Plaque）的形成而來，若牙菌膜沒被及時清除，它就會被貓咪唾液中的礦物質合成為難以清理的牙結石（Tartar）；牙結石如再日積月累就會進一步影響牙肉及口腔健康，造成牙肉紅腫、流血、口臭等，更嚴重的結果是口腔中的惡菌會透過血液感染身體其他器官；所以貓咪的牙齒及口腔護理是不容忽視的。

有不少貓咪家長堅信乾飼料能有效清潔貓咪牙齒，所以老是不願意讓貓咪吃罐頭飼料或貓咪鮮食。其實，貓咪的牙齒只能像剪刀般上下開合，並沒有平面供咀嚼，因此一粒乾飼料跟牙齒可能只能接觸到一、兩次就被吞進肚裡，實在發揮不了因磨擦而潔淨的功能。有些外國的獸醫更認為，乾飼料中的大量碳水化合物反而會讓牙菌膜更容易滋生，情況就如我們吃完餅乾後沒漱口，過一陣子就開始覺得有東西黏在牙齒上。當然，吃罐頭或鮮食飼料的貓咪也都會有食物殘渣留在牙縫裡，只有在撕開生肉時，貓咪的牙齒才會得到清潔，不過並不是每隻貓咪都適合吃生肉（在 P.56 的無穀食糧與貓生食章節中會進一步解釋）。

大家要弄清楚的是，乾飼料並不能預防牙結石形成，頂多稍微延遲牙結石的形成。所以不值得為了能遲一點帶貓咪去找獸醫洗牙，就選擇給牠吃有機會讓牠患上糖尿病、肥胖症、腎病、下泌尿道結石等的食糧。這實在是本末倒置的想法！

如果你家的貓咪已經有很嚴重的牙結石或牙周病，建議先帶貓咪去獸醫院檢查清楚，再接受一次徹底的洗牙服務。牙齒都清理乾淨後，就可以用以下介紹中比較天然、非侵入性的方法在家裡保養了。

1 ｜刷牙

這是被公認為最有效的潔齒方法。記得要用貓咪專用的牙膏（千萬別選用含有植物精油的，因為貓咪的肝臟並不能分解），開始時可以先試著用紗布包著食指，輕輕擦拭貓咪牙齒，或用貓用牙刷。最好每天能刷一次，做不到的話，至少每週能刷 2 ～ 3 次。記得每次刷完都要稱讚貓咪，並給牠一點零食作獎勵。

2 ｜生雞脖子

每星期 2 ～ 3 次，可以給貓咪享用急凍過的雞脖子。雞脖子由於筋膜比其他部位多，給貓咪啃咬或撕咬時能同時清潔牙齒，也能強化貓咪口腔的肌肉。雞脖子解凍後洗淨，用稀釋過的有機葡萄柚籽精華（GSE Grapefruit Seed Extract）噴在表面稍作消毒，又或者可以放進熱開水裡燙一燙（不超過 3 秒鐘），擦乾後就可以給貓咪享用；要特別注意，貓咪不可以吃熟骨頭！另外，不建議給貓咪吃過短的雞脖子（短於 6 公分），以免貓咪不小心整個吞掉卡在喉嚨；也要小心監督貓咪咬骨頭的過程，避免中途嗆到。同時也要評估一下，有些太過心急，整天想將骨頭吞下的貓咪可能不適合吃雞脖子。

3 ｜其他天然潔齒產品

如果你的貓咪始終都不肯刷牙，或不懂、不適合吃雞脖子，可以試試以下成分天然，又能減緩牙菌膜形成的貓咪專用產品，但要記得，最有效的潔齒方法還是刷牙！（以下皆為國外品牌產品，可自行上網搜尋。）

○ SwedenCare ProDen Plaque-off

這是一種特別的海藻 "Ascophyllum Nodosum"，只要每天適量加進貓咪的食糧中，就可以改變唾液成分，讓牙菌膜沒那麼容易黏在牙齒上，牙結石也會較容易軟化並自行掉落。須持續服用 3 ～ 8 星期，才會開始見效。

Wysong's DentaTreat

一種集合食用起司、益生菌、酵素、蘋果多酚等成分的潔齒營養品。每天適量灑在貓咪的食糧上給貓咪吃即可。

Cat: essentials Healthy Mouth

此品牌分別有可以添加在飲用水裡或塗在牙齒上的產品，有美國獸醫口腔健康學會認可，都是以天然食材成分（如藍莓、木瓜酵素、魚油等）製成。

提早開始居家牙齒保養，貓咪就不需要經常接受麻醉洗牙服務，可以減少麻醉帶來的風險囉！

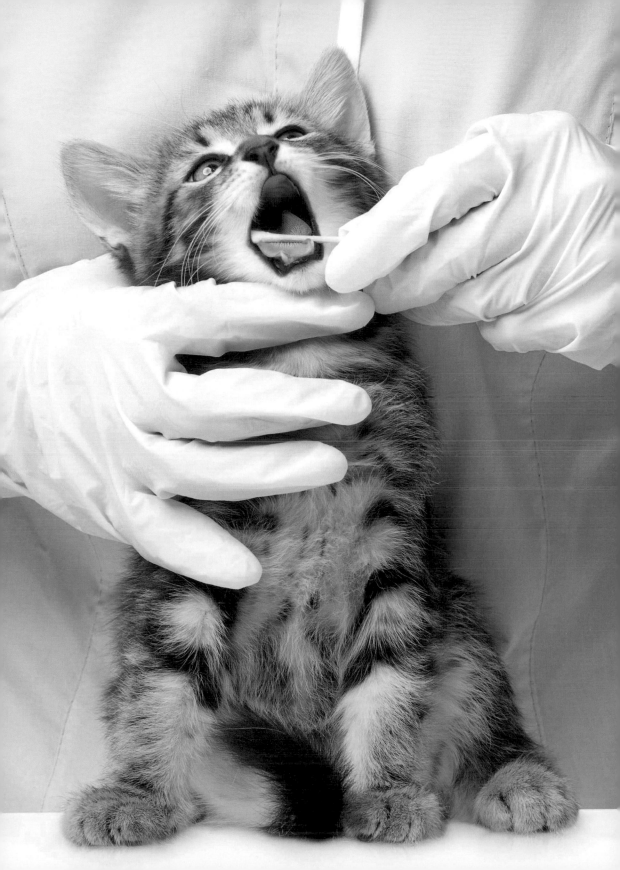

無穀食糧與貓生食

無穀食糧的利與弊

　　近 10 年以來，越來越多人了解其實貓咪並不需要大量碳水化合物，因此市售貓食糧推出了各類無穀（Grain-free）食糧，包括乾飼料、罐頭、脫水（dehydrated）和冷凍脫水（Freeze-dried）食糧等。一般來說，這些無穀食糧的售價都比一般有穀物的食糧高，因為捨棄了穀物這種廉價的食材，多了蔬菜、鮮肉等，成本自然有所增加。但究竟無穀食糧好在哪裡，是否值得大家多花點錢？請見以下分析。

無穀食糧的好處

1 | 一般來說，和同類食糧（比方說同樣是乾飼料）相比， 無穀食糧的碳水化合物含量都比較低，會比較適合貓咪本身的營養需求。

2 | 有不少貓咪對食物裡的穀物敏感，吃過後會出現皮膚或腸胃敏感症狀。無穀食糧就能減低敏感風險。

3 | 之前也解釋過，貓咪身為全肉食者，其實不善於消化植物類食物，包括穀物。無穀食糧因此也比較容易消化，貓咪的大便量也會減少。

4 | 許多寵物食糧中所用的穀物都是零碎物或人類食品工業的殘餘，很容易受霉菌污染，就算經過高溫處理仍不減毒性。既然無穀食糧不包含任何穀物，食糧受霉菌污染的風險就大為降低。

無穀食糧的不足

1 ｜碳水化合物雖然已減少，但還是太高（這裡指的是無穀乾飼料）。貓咪理想的飲食，應含極少的碳水化合物，最好少於 10%（Dry Matter Basis）。但一般無穀乾飼料，由於製作上的限制，飼料不可以含太少碳水化合物，否則不能成形。所以一般市售無穀乾飼料的碳水化合物含量還是超過 25%（Dry Matter Basis），對貓咪來說，離理想營養指標還有段距離。

2 ｜含水量還是不足。貓咪理想主食糧的含水量應不少於 63%。所以無穀乾飼料及部分不需要加回水分的脫水／冷凍脫水貓食，都仍是水分不足。貓咪缺水所帶來的健康風險，不會因為是無穀而減低。另外，有些貓咪在吃無穀乾飼料後，會出現尿道、膀胱結石的情況，導致某些獸醫勸誡家長別餵飼無穀食糧。

註：起初我以為這純粹是因誤解而出現的指控（因為之前就解釋過貓咪缺水容易有結石），但細想之下，有可能是因無穀乾飼料含較多肉類、內臟及骨頭等，礦物質含量自然較高（尤其以海鮮為主的無穀飼料），加上水分不夠，雖然尿液 pH 值應該能維持微酸，但對某些貓咪而言，還是會誘發結石問題。

3 ｜脂肪高、能量高。一般來說，無穀食糧的營養都比較濃縮，脂肪和卡路里含量也較一般傳統飼料高，所以吃比較少的分量，就能滿足貓咪一天所需。但如果家長沒注意這點，還是照一般傳統貓飼料的分量餵飼，又或者因為長時間任由貓咪進食，而不清楚進食量，貓咪就可能因進食過量而導致肥胖。這點家長務必要注意，看清楚包裝上的建議餵食分量及食糧的卡路里含量。

總括來說，市售多種成分天然而又無穀的食糧都值得推薦，如無穀貓罐頭，或要用溫水沖開的脫水／冷凍脫水貓食糧，起碼它們的含水量超過 63%。（如含水量低於 63%，就不太適合長期用作主食，但可以是很好的零食。）

生肉骨食（BARF），究竟好不好？

BARF 飲食法，就是指 Biologically Appropriate Raw Food，即是合乎物種的生食。由於這種飲食法是以生肉、生肉骨和內臟為主，也有不少人求方便，稱之為 Bone and Raw Meat Diet。

生肉骨食近年之所以在寵物界成為風潮，主要是由於 90 年代開始，澳洲獸醫 Dr. Ian Billinghurst 對於BARF 的大力推廣。他認為由於貓狗本身是獵食者，只有讓牠們吃牠們本來在野外就應該吃的生肉、生肉骨和內臟等，而不是經過大量加工的寵物飼料或任何熟食，才能讓貓狗重獲健康。

BARF 的支持者都深信，由於 BARF 飲食法不經高溫處理，所有食材的營養，包括酵素、維生素及礦物質等都不會被破壞，得以保留在最原始天然的狀態，讓貓狗更容易吸收。另外，他們也認為這種天然飲食法，可以讓整體免疫力提升、毛髮光滑、大便或消化情況得以改善、牙齒潔淨，減低罹患敏感症的機會。

不過到目前為止，還沒有足夠科學證據能證明上述 BARF 對貓狗的種種好處。當然，沒足夠的科研證據也不代表這所有的益處都不成立，正如以前還未發現地心引力時，並不代表它不存在。

BARF 的延伸思考：知名實驗 The Pottenger's Cats Study 可信嗎？

在少數關於生熟食的科學試驗中，最廣為人知，也過分被追捧的可算是 The Pottenger's Cats Study。在 1932～1942 整整十年期間，Dr. Francis M. Pottenger 找來 900 隻貓咪，分別餵飼牠們吃熟食及生食，看看對牠們的健康及下幾代的健康有什麼影響。

結果令人震撼：生食組貓咪身體健康，一路下來都沒什麼問題，生出來的幼貓也健康活潑；但熟食組的眼睛、骨骼、心臟等都出現問題，生出來的幼貓有許多都夭折或有先天性缺陷，而且活不過 3 代！Dr. Pottenger 因此就認為熟食因為缺乏「生命」，而導致食用的動物或人類出現各種營養缺乏或過早退化的狀況。

可是，這個實驗的設計其實有許多不足，大家不應單憑它的結論就過分推崇生食。

首先，Pottenger 實驗裡的生食，是由一家肉類包裝廠商回收的生肉碎（包括肌肉、內臟、骨頭），加上牛奶及魚肝油。但熟食卻是由一家療養院所捐出，即煮過後多餘的熟肉（包括肌肉及各種內臟），但有別於生肉食，熟肉是沒有骨頭的！雖然熟食組同樣包括牛奶及魚肝油，但牛奶中的鈣質很難被吸收（因為它含鈣但同樣含大量磷）。換句話說，熟食組從實驗的第一天開始，就嚴重缺乏鈣質。這充分解析了為何熟食組的貓咪及牠們的下一代會出現那麼多牙齒及骨骼變形等問題。這是一個「完全缺乏鈣」跟「起碼有點鈣」的飲食對比，而不是熟食和生食的對比。

另外，熟食那部分是從一所療養院拿來的，研究報告中隻字未提究竟這些熟食是否經過調味、加工？又或者是否經過多小時的燜煮，導致比我們一般家裡烹調的熟食營養流失更為嚴重？再者，由於煮食過程中會使牛磺酸（Taurine）嚴重流失，剛好實驗裡的熟食組貓咪所出現的病況（如眼睛、心臟及生育問題等）都與缺乏牛磺酸的症狀一樣。不過由於30、40年代時，還沒發現牛磺酸對貓咪的重要性，Pottenger 只好將全部歸咎於熟食，而非牛磺酸的缺乏。

綜觀以上，整個實驗在設計上有許多漏洞（尤其食物方面），Pottenger 也沒有提出任何有關生食帶來的種種風險，所以結論僅能作為參考而不可盡信。最後，報告中也提到，往後需要使用添加維生素、礦物質的熟食，和同樣合乎貓咪每天營養需求的貓生食直接對比的實驗，才能對「煮熟的貓食，是否會導致貓咪營養不良？」的問題得出結論。

營養失衡

2012 年美國 University of Tennesse 為比較生、熟貓食，做了一個為期 10 星期的實驗。24 隻幼貓分別被分為 3 組：市售貓熟食組、市售貓生食組、自製貓生食組。實驗期間，研究人員證明 3 組食物的營養都足夠，讓所有貓咪的成長率相當，健康大致上也都沒出問題。有趣的是，雖然某些吃貓生食的幼貓有下痢的狀況，不過整體來說，牠們的大便量比市售貓熟食來的少，證明生食可能真的比市售貓熟食還容易被貓咪消化並吸收；但研究也發現，吃生食的貓咪，排泄物中帶有沙門氏菌（Salmonella spp）。可惜這實驗並沒有比較煮熟的自製貓鮮食。

還有另一個由美國 UC Davis 的獸醫學院，比較貓生食和貓熟食的實驗。這次的實驗為期 12 個月，22 隻貓咪被分為兩組：全兔生食組（整隻經過冷凍的兔子，包括皮毛、骨頭、肌肉及內臟等將其絞碎）、優質市售貓熟食組。研究人員發現，貓咪都很喜歡吃全兔生食，而且開始吃兔生食短短 1 星期後，大便就有改善，1 個月後，大便更變得近乎完美──沒有惡臭、分量又少。對比下，吃市售貓熟食組的大便比較軟，有些更接近液體狀。但當實驗進行到 10 個月時，一隻全兔生食組的貓咪突然暴斃，死於因嚴重缺乏牛磺酸而引起的擴大性心肌病變（Dilated Cardiomyopathy）。後來更進一步發現，原來 70% 全兔生食組的貓咪都有某程度的心肌病變，表示飲食中缺乏牛磺酸。

從這研究結果我們可以反思，就算生食可減少營養流失，但每天都吃同樣的食物，長期下來還是會導致營養不良。因此，生食食材也必須要多元化。此外，生食是否代表就不需要額外補充任何牛磺酸或其他維生素呢？研究員後來發現，雖然沒有高溫處理，但其他處理生食的過程（如經絞肉器絞碎）也可能讓牛磺酸流失。

還有一點值得留意的是，此實驗裡的生食貓咪，一開始的身體狀況看起來都很好，但營養缺乏的症狀卻在整整 10 個月後才出現（有些甚至要特別檢查才能診斷出來），而且有一隻還突然暴斃！這表示，縱然剛開始能有極大進步，但必須長期多加留意，因為營養不良的警訊可能過了很久後才會出現。

身邊也曾經有狗家長向我求救，說家裡全部狗狗都突然患上胰臟炎，該怎麼辦？我細問她究竟給狗吃了什麼，原來她 6 個月前給狗轉吃生食，且每天都吃一種雞肉混羊肉的市售生食。這下，謎底解開了：這位家長以一般乾飼料的餵食思維（即吃得好就長期餵飼同一種好了，不然腸胃難適應）去給狗吃生食；每天都吃脂肪高的羊肉，會得到胰臟炎就一點都不奇怪了。相信你也聽過類似的情況吧，不過可能連家長自己都不知道，貓狗的病症是源於他們無知的選擇了錯誤的餵飼法。

那麼市售進口的貓生食又如何呢？曾經有一研究針對 5 種生食（2 種市售現成生食、3 種自製生食）進行營養分析，結果其中 3 種的鈣和磷含量都過低，2 種的鉀、鎂和鋅亦過少。另外，2 種市售現成貓生食的維生素 D 過高。

我們當然不能單憑這小規模的研究，就斷定所有市售貓生食的營養都不達標準。許多生食的支持者也許會以 "Balance over time" 這句話來抗辯，即是只要他們保持生食的食材多元化，營養失衡的風險自然會大大減少。表面上這句話是成立的，但實際上，家長需備有非常豐富的營養知識，及非常仔細的記錄貓咪的飲食才能做到。比如說家長自製貓生食，每兩、三天都用上不同的肉類、肉骨和內臟，後來獸醫檢查時卻發現缺鉀，為什麼？由於家長不知道鉀主要是來自瓜類、水果或奶製品，所以無論他如何頻繁的轉換多種肉類，也無法提供足夠的鉀給貓咪，無法做到 "Balance over time"。所以，餵飼貓生食的家長，請先好好備課，學好生食的食材配搭！

生食風險
2

有害細菌／病毒／寄生蟲感染

看到這標題，生食支持者也許相當不以為然吧！不是說，身為肉食者的貓咪，本來就應將剛捕殺的獵物生吃，且貓咪的腸道短，生肉裡的細菌沒有足夠時間大量繁殖嗎？是的，在眾多有關生食及細菌感染風險的研究裡，貓狗幾乎沒有因為吃生食而導致細菌性的食物中毒。

可是，也幾乎所有的實驗都證明，吃生食的貓狗的糞便中，很可能會有從生肉而來的細菌，如沙門氏菌（Salmonella spp）、大腸桿菌（Escherichia coli）、產氣莢膜桿菌（Clostridium perfringens）等。這對牠們本身風險不大，但卻會對人類的健康產生威脅，因為大便中的細菌會隨著動物的毛髮、手腳、貓砂散播給人類。因此，多個獸醫學團體（如美國獸醫學會、美國動物醫院協會）都發表聲明，不建議生肉餵食。

但是，你我身邊怎麼會沒有餵飼貓生食的家長，受到上述的細菌感染？那是因為成年人餵飼或清理寵物大小便後，會徹底清理所有食具並洗手，加上本身的免疫力，大多可以避過這風險。

在 2006 ～ 2008 年期間，美國有一家生產過上百個品牌的貓狗飼料廠商，受到沙門氏菌污染，造成居住在 21 個州共 79 人受感染，其中 48% 都是 2 歲以下幼童；由於這些幼童的免疫力較弱，經常在地上爬行又什麼都往嘴裡放，很容易將細菌吃進肚子。但從這起飼料回收、致病事件中，就證明了人類是有可能受寵物食糧中的細菌直接或間接感染疾病。

不適合餵飼生食的貓咪／家庭：

我個人並不反對餵飼貓生食，但基於細菌感染的風險，不建議屬於以下類別的貓咪或家庭餵飼貓生食，但可以煮熟的貓鮮食替代。另外，嚴重患病的貓咪，可以待病症大為好轉或痊癒時，才慢慢轉吃貓生食。

不適合吃貓生食的貓咪：

1 ｜ 免疫力未發育健全，未滿 6 個月大的幼貓

2 ｜ 免疫力低，身體非常虛弱的年老貓咪

3 ｜ 長期患病、免疫系統有問題的貓咪（如患有貓科白血病、貓科傳染性腹膜炎、嚴重腎衰竭或嚴重癌症的貓咪）

家中有這些成員，也不適合餵飼貓生食：

1 ｜ 5 歲以下幼童（小孩免疫力不足，且衛生意識薄弱）

2 ｜ 孕婦

3 ｜ 高齡又體弱的長者，或患有腦退化症的長者（他們可能無法照料個人衛生）

4 ｜ 長期患病，容易受感染的人（如患癌、糖尿病或紅斑性狼瘡的病患）

餵飼貓生食要注意

如果你正在餵飼貓生食，又或者你了解貓生食的各種利弊後，還是決定要給貓咪吃生食的話，請務必注意以下幾點，以保障你自己及貓咪的健康。

多充實寵物生食的知識

　　就算你不打算自製貓生食，而是買現成的市售貓生食，你都必須先花時間作好功課，徹底了解生食的資料及餵飼方法。否則，當貓咪身體因餵飼方法不當而出問題時，連你自己也講不出問題在哪，會嚴重耽誤獸醫的診斷，貓咪也會因此受到不必要的痛楚。

肉類來源要清楚

　　由於不經烹調，我會建議首選以有機方法飼養的肉類。現代的農場動物，絕大多數都是被「工廠式」（Factory farming）大量生產出來，生活環境狹窄、不見陽光、欠缺活動空間、吃與牠們本身物種不符的劣質食糧、經常注射抗生素及生長激素等。試想，這樣的肉品會健康嗎？近年來不時爆發人型的禽流感、豬流感、狂牛症等，有些更呈抗藥性或已變種。這已是告訴你「工廠式」生產出來的肉類不但不人道，還潛藏變種或有抗藥性的病菌，所以我認為這些肉類不適合用作生食。如果因為經濟能力或供應問題，而無法餵飼貓咪有機生食，至少應選擇放養及沒打抗生素或激素的肉類作為貓生食。

小心處理生肉

　　生肉該怎樣處理或儲藏，大家可以到衛生局的網頁看看就知道。另外，所有用作貓生食的肉類必須經過冷凍，因為冷凍的過程能減少細菌和寄生蟲的數目。大力推廣貓生食的美國獸醫 Dr. Jean Hofve 建議所有生食肉類必須在攝氏 -20 度以下，冷凍至少 72 小時。美國藥物及食品管理局則建議，魚類至少要冷凍 7 天，豬肉至少要冷凍 20 天，才能殺死豬旋毛蟲（Trichinella spirals）。但某些貝殼類海產和魚類（特別是淡水魚）不但容易有寄生蟲，還含有硫胺酶（thiaminase），為了安心，最好還是避免生食魚類及豬肉。

加倍注意個人衛生

每次接觸過貓生食或盛載過貓生食的食具，都要用熱水及肥皂徹底洗淨手。貓咪用餐後，也要用熱水及洗碗液徹底洗淨，用餐範圍也要消毒好。此外，每次清理貓砂或處理大小便後，也要徹底洗手。

食材必須要多元化

不管你餵飼的是自製貓生食或市售貓生食，每週至少要包括 3 ～ 4 種不同肉類。如果生食是自製的話，請務必每天給貓咪吃貓用綜合營養補充品。就算是市售生食，還是建議每週給貓咪吃 2 ～ 3 次綜合營養補充品。

定時體檢

每年帶去給獸醫檢驗 1 ～ 2 次，特別要作全方位血液檢驗（Full Profile Blood Test）、電解質檢驗等，看看是否有營養不良的症狀。最好也能帶貓咪的糞便去檢驗，因為生食的貓咪較可能有寄生蟲。

千萬別聽說網友或生食廠商讚好，就衝動的為貓咪轉吃生食。我認識不少吃貓生食且又健康可愛的貓咪，但卻知道更多對生食不甚認識，但卻一窩蜂投入

生食風潮的貓家長。記住，為貓咪選擇任何食糧時，
"First, do no harm"！

　　最後，如果大家有興趣學習自製貓生食的話，以下
網站有詳細資料及食譜提供參考：

catinfo.org

www.catnutrition.org/recipes.html

還有以下是用來配合自製貓生食的綜合營養補充品：

http://tcfeline.com/

PART

2

貓咪吃得天然

Mix & Match

為什麼貓咪要吃鮮食？

相信不少貓家長都聽過類似的忠告：「千萬不可以給貓咪吃人類的食物，因為這些食物對牠們的健康有害，又會讓牠們營養不均衡！」但若你有閱讀貓狗食糧成分表的好習慣，就不難發現品質越好、越天然的優質飼料，所用的材料都是來自肉類、蔬果等，有些更標明其所有用料都是 human-grade（合乎人類食用等級）。這表示人類日常食用的食物，不僅可以是寵物的食物，而且素質還比一般用以製造動物飼料的食物高！再者，不論是乾飼料或罐頭食糧，即便食材素質再好，始終都不是鮮製的，難免會有營養流失的情況出現。

其實，在美國許多整全性獸醫都贊成為貓咪的食糧額外以鮮食「加料」。原因是，就算是最優質、最天然的貓糧，也缺乏新鮮、完整食物中的酵素及生氣能源（Life Energy）。參與研製「Innova」天然食糧的著名獸醫 Dr. Wendell Belfield 也曾說過：「雖然我信賴那食糧的品質，但我仍建議在食糧以外加添額外的食物，如絞碎的雞肉、麥皮、蛋黃、紅蘿蔔絲等。就算你已在餵飼比較優質的產品，還是應該讓你的小動物享有多樣化的營養。」

所以，「人吃的東西，絕對不能給貓咪吃」的想法實在落伍，是種出於無知的恐懼。因為不清楚究竟貓咪可以吃什麼鮮食，又聽說過有貓咪因為經常吃人類吃的食物而生病，所以乾脆禁止貓咪吃所有鮮食。這種消極的想法，會讓貓咪錯過許多令牠健康增值的機會。其實，只要預先了解哪些新鮮食材貓咪必定要避免、哪些才可以放心食用，貓咪也能跟我們一樣飲食多元化，從不同食物中攝取不同養分，不但更有口福，還能活得活潑又健康呢！

何謂 Mix & Match？

不得不承認，如果你想自製貓鮮食料理作為貓咪的日常主食，的確需要點時間學習及練習，才能確保貓咪能得到適量的營養。大多數的都市人生活繁忙，未必每天都有時間為貓咪或自己親自下廚，而「貓咪吃得天然 Mix & Match」正是為了想讓貓咪吃得健康、吃得天然，但又還沒有足夠時間或信心，去自製貓鮮食料理的家長而寫。這份飲食計劃，就是以適量優質天然的市售貓咪糧食為主食，另外加以天然健康的鮮食作為零食或為主餐「加料」，成為多種不同的食物配搭的 Mix & Match。

一如以往，在為貓咪選擇或進行任何飲食計劃時，務必要謹記："First, do no harm"，我們得先了解有哪些新鮮食材對貓咪有害，徹底避開它們。

有些對人類無害，甚至美味可口的食物，貓咪吃了可能後果嚴重！請各位貓咪家長千萬別對以下食材掉以輕心！

🚫 1｜生蛋白

大多數貓咪都比較喜愛半生熟，甚至是全生的蛋黃（其實是 OK 的，因貓咪腸胃內的酸性特別高，所以牠們對沙門氏菌的抵抗力比人類強）。但切記一定要將蛋白煮熟，因蛋白中含有抗生物素蛋白質（Avidin），若未經煮熟就進食，可能會損壞貓咪體內的生物素（Biotin，即維生素 B 群的一種）。

🚫 2｜未經煮熟的魚類

相信許多人都愛吃生魚片，寵愛貓咪的你，是否有想過與貓咪分享新鮮買回來的魚呢？其實未經煮熟的魚類並不是適合貓咪的食物。原因是，某些魚類（特別是淡水魚）含有大量硫胺酶 "Thiaminase"（用來消化維生素 B1 的酵素），若未經煮熟便進食，會破壞貓咪體內的維生素 B1。之前也提及過，貓咪對維生素 B 群的需求特別高，若缺乏維生素 B1，牠們就無法有效運用食物所提供的能量，可能造成疲倦、嚴重厭食、體重下降及神經系統失調等。但一經煮熟，這些魚類中的所有硫胺酶就會被高溫毀滅，也就無法影響到貓咪體內的維生素 B1 了。

🚫 3｜鮪魚

特別注意，鮪魚絕不可多吃！鮪魚鮮味極強，容易令貓咪吃上癮。一旦上癮，貓咪有可能變得「無鮪不歡」，甚至拒絕所有不含鮪魚的食物，到時便很難讓牠吃得均衡了。

另外，因鮪魚在海洋食物鏈中排行頗高，其體內容易積聚重金屬。近年研究指出，大部分含鮪魚的貓罐頭，因採用鮪魚紅肉部分，水銀含量比起鮪魚的白肉部分更高。如果經常給貓咪吃人類吃的油浸罐頭鮪魚，更可能導致貓咪患上「黃脂病」（Steatitis）；因貓咪飲食中含過多不飽和脂肪酸（菜油及鮪魚本身都含大量多元不飽和脂肪酸），體內的維生素 E 會被搶奪。當身體嚴重缺乏維生素 E 時，皮下脂肪便容易發炎，即為「黃脂病」，將導致神經末端異常敏感，就算輕輕觸碰皮膚，貓咪也會感到非常痛苦。

基於上述原因，我建議大家，把鮪魚這種貓咪熱愛的食品留作緊急或特別情況下，如貓咪生病沒有胃口、生日或獎勵時，才少量使用。在選購鮪魚時，可以選擇新鮮的，或給人類食用的水浸鮪魚（如果包裝上說明 Dolphin-friendly 的話就更好了！），給貓咪食用前先以清水輕輕沖洗，除去多餘的鹽分就可以了。

🚫 4 ｜ 已煮熟的骨頭

雖然貓咪不如狗那麼愛咬骨頭，但相信有不少愛貓的朋友都聽說過，給貓咪咬骨頭能幫助潔淨牙齒。但請你記住，並不是所有骨頭都能給貓咪咬，千萬不可給貓咪咬已煮熟的骨頭（任何動物的骨頭都一樣）。因為煮熟的骨頭很脆弱，容易折斷或被咬至破裂，可能會刺穿或堵塞貓咪的食道及腸胃。只有未經煮熟的骨頭（家禽類的骨頭比較合適）經適當處理後，才可以在家長監管下給貓咪享用（詳細的清洗及處理新鮮骨頭的方法，請參閱 P.82 適合給貓咪加料的鮮食食材）。

🚫 5 ｜洋蔥及其他蔥類

對大多數人來說，洋蔥爆香的確是香味撲鼻，令人食指大動；且在正常情況下，人類食用洋蔥是有殺菌功效的。但對於貓狗而言，食用含有洋蔥的食物，可能會引起嚴重的併發症。據 1992 年 1 月的《美國獸醫學研究月刊》（The American Journal of Veterinary Research）指出，洋蔥及其他蔥類的二硫化物（disulfides）可能導致貓狗體內的紅血球細胞極速氧化。有些貓咪對洋蔥的反應極度敏感，就算食物中只含有極少量的洋蔥，都足以讓牠們全身乏力、貧血、面色蒼白及呼吸急促。

另外，要注意的是，雖然蒜亦含有二硫化物，但毒性較洋蔥輕，加上其治療功效顯著，所以直到今天仍在寵物界的自然療法中備受重用。但貓咪對蒜的反應較狗敏感，較易中毒，還是不適合經常及大量進食。

🚫 6 ｜味精

在外國，特別是歐美國家，有些人到中式餐館用膳後會感到不適。這種在食用中餐後出現不適的現象，通常被稱之為「中餐症候群」（Chinese Food Syndrome）。其實那些外國人並不是全心抹黑中式佳餚，只是他們未必了解大多數在當地經營的中菜館都使用味精。那些食客感到不適的真正原因，就是因為他們對味精敏感。同樣的，部分貓咪對食物中的味精也會敏感；通常，牠們對味精的敏感反應會於食用後的 48 小時內出現。就算你的貓咪對味精沒有敏感，長期服用味精也絕對沒有益處。

不幸的是，很多時候對味精敏感的貓狗，會被誤診為患有癲癇性痙攣（Epileptic Seizures），結果一生都要服用不必要的藥物。其實許多貓狗食糧或零食中都藏有味精。在購買貓咪食品時，如你發現以下的成分，該食品肯定含有味精，建議最好還是避之為吉。此外，很多人類的零食也含有大量味精，你也不應與貓咪分享。

含味精之
化學成分

· **Textured Protein**
· **Yeast Extract**
· **Hydrolyzed Protein**
· **Glutamic Acid**
· **Gelatin**
· **Sodium / Calcium Caseinate**
· 大部分的 **Smoke Flavorings**

🚫 7 │ 醃製食品

香腸、火腿、午餐肉、醃肉等，及其他經醃製或煙薰的食品，都要盡量避免給貓咪吃。這些食品雖然都異常可口，但因含有大量的鹽分、硝酸鈉（Sodium Nitrate）、味精、人造色素及化學防腐劑等，長期食用還可能會致癌。就算是人類，也不應常吃這類精製食品，你和貓咪都應轉食新鮮及未經加工的零食！

8 | 葡萄及葡萄乾

我們可以和貓咪分享多種水果，但葡萄或它的任何製品（包括葡萄乾），我們還是留給自己吃就好了！原因是，近年來發現，貓狗會因服食過量葡萄或葡萄乾而中毒。根據美國獸醫學會（American Veterinary Medicine Association）及美國愛護動物協會（ASPCA）的動物毒物控制中心所收集的資料顯示，進食葡萄可能會讓貓狗死於急性腎衰竭。

可惜的是，到目前為止，還未研究出究竟是葡萄中的哪一項物質對貓狗有毒。從過去案例所知道的，只要貓狗進食約於 0.41 ～ 1.1 盎司／每千克體重（oz / kg of body weight）的葡萄或葡萄乾，就可能中毒。所以若家裡有葡萄或葡萄乾，一定要加倍小心，避免貓咪因誤食而釀成慘劇。

9 | 巧克力

對人類心臟和情緒都有幫助的巧克力，對貓咪是種致命的誘惑。因為巧克力中的「可可鹼」（Theobromine）對貓咪有毒。對一般貓咪來說，若每磅體重服用超過大約 45 毫克的「可可鹼」便可能中毒（一般牛奶巧克力，每盎司約含 44 毫克），甚至死亡。它能引致癲癇性痙攣、心臟損壞及消化系統內出血等痛苦症狀。

因此，請務必將家中所有的巧克力收藏在安全隱蔽的地方。另外，你也應對家中所有成員及客人（特別是小朋友）解釋巧克力對寵物的危險性。這樣，他們便不會因一時心軟，而誤殺了你的愛貓。

其實有一種叫「Carob」（即角豆樹的豆子）的材料，無論味道和賣相都極似巧克力。它不但對貓咪無害，還含有豐富的鈣和磷，你可用 Carob 來代替巧克力，自製各款健康又美味的貓狗美食。

🚫 10 ｜ 咖啡或茶

看到這裡，你可能在想：「不會吧！我才不會把咖啡或茶給貓咪喝呢！」我之所以特別提出，是因為有些貓咪特別鍾情咖啡或茶的香氣，有時甚至會趁你不注意時偷喝。

我家中的 Tigger 就是隻 "Java Cat "（外國人對愛咖啡的貓咪的暱稱）。每天早上我們一泡咖啡，Tigger 就會急忙跑過來，瞇起眼來享受咖啡的香氣。若一不留神，牠還會把整個頭塞進杯裏，試圖偷喝呢！事實上，咖啡含有咖啡因（Caffeine），而茶含有茶鹼（Theophylline）。這兩種物質跟巧克力裡的可可鹼一樣，同是中樞神經興奮劑，同樣會造成貓咪中毒，而中毒症狀也相同。對一般貓咪來說，若每磅體重食用超過 63 毫克左右的咖啡因，便可能中毒。所以，愛喝咖啡或茶的你，最好還是選用有蓋的杯子，以防貓咪偷喝。

接下來，一起去看看，究竟哪些新鮮食材，我們可以安心的與貓咪分享吧！

適合給貓咪加料的鮮食食材

我們日常生活中用到的許多新鮮食材，都可以與貓咪分享。只要知道怎樣選擇適當的食材、烹調方法及餵飼分量，就不必擔心貓咪因吃鮮食而導致營養失衡了。快來看看，究竟有哪些食材可作為貓咪主食以外的健康加料吧！

動物性蛋白質加料

雞蛋

- 全蛋或蛋黃。蛋黃是動物界中營養最豐富，又最容易消化的食物，而且貓咪不像人類需要擔心膽固醇的問題。
- 大多數貓咪都比較喜愛半生熟的蛋黃，其實是可以的，如果能買到有機雞蛋的話，蛋黃部分生食也沒問題，但切記一定要將蛋白煮熟！
- 盡量買有機雞蛋或放山雞的雞蛋。因普通雞蛋通常含有相當分量的賀爾蒙及抗生素等藥物。
- 烹調方法：水煮或用少量牛油、食用植物油炒至熟／半熟。
- 食用次數：每週最多 3 次。
- 分量：每次約可吃半顆蛋（連蛋白），或最多 1 顆蛋黃。
- 因雞蛋營養非常豐富及含頗高的熱量，如用以上分量的雞蛋加料時，請將正餐的分量減半。

肉類

- 去骨、去皮的雞肉（如貓咪不算過胖，連皮的雞肉也可以），或其他家禽肉、牛肉或魚肉（盡量不要選過度肥美的部位）。
- 為方便貓咪進食，可先把肉類絞碎或切成小塊。但大家也可故意把肉切大塊一點，讓貓咪的牙齒和口腔肌肉有機會做做運動。
- 烹調方法：最健康的烹調方法就是把肉燙熟或蒸熟，但烹調時間不宜太久（煮至肉不見紅便可），以免過多營養流失。有時候亦可以快炒或烤的方法烹調。
- 食用次數：每天吃均可。
- 分量：如作零食或正餐加料，每天最多 1 湯匙，否則會影響到貓咪的骨骼健康。（詳細解釋請參閱 P.115）。

冷凍過的
生雞脖子／
雞翅膀

內臟

- 其實動物的心臟、腎臟和肝臟貓咪都可
  吃（貓咪尤其愛吃肝臟），但礙於腎臟
  和肝臟都身負排毒功能，而現代的牲畜
  和家禽（除非是出自有機農場）每天都
  積下不同的毒素，所以最好還是選擇來
  自有機飼養的動物。
- 內臟營養豐富（特別是鐵質、維生素 A
  及 D），但也要避免因過量食用，而導
  致中了維生素 A 或維生素 D 毒。
- 烹調方法：略為蒸熟或快炒。
- 食用次數：每週 2 ～ 3 次。
- 分量：每次不超過 1 茶匙。

- 或其他小型食用家禽的脖子／翅膀。
- 一定要冷凍至少 72 小時，以減低細菌
  數目。
- 雞脖子筋膜比其他部位多，給貓咪啃咬
  或撕咬時，能同時清潔牠的牙齒、強化
  口腔的肌肉。
- 雞脖子解凍後洗淨，用稀釋過的有機
  葡萄柚籽精華（GSE Grapefruit Seed
  Extract）噴在表面稍作消毒；或者放
  進熱開水裡燙一燙（不超過 3 秒鐘），
  擦乾後就可以給貓咪享用。記得貓咪不
  可以吃熟骨頭！
- 不建議給貓咪吃過短的雞脖子（6 公分
  以下），以免被整個吞掉後卡在喉嚨。
- 務必監督貓咪咬骨頭的過程，避免牠中
  途嗆到。有些太過心急，可能會將整個
- 骨頭吞下的貓咪，就不適合吃雞脖子。
  食用次數：每週 2 ～ 3 次。

原味優格

- Plain Yogurt
- 含豐富蛋白質、鈣質及活性乳酸菌（即益生菌的一種），可幫助消化及促進腸胃健康。
- 可選擇低脂或全脂，但一定要是原味（Plain），不含其他糖分添加的優格，而且最好選擇有機（Organic）的，因其不含任何注射牛隻的藥物或賀爾蒙。
- 分量：可每天吃大約 1 茶匙。
- 若你的貓咪因患病而需進行抗生素療程，請於療程期間每天都餵貓咪服用原味優格，以補充被抗生素破壞的腸內益菌。為免優格內的活性乳酸菌也被抗生素毀滅，在這期間請別把優格混入貓咪的糧食中，而是在服用抗生素後 2～3 小時，分開餵飼優格。

茅屋起司／瑞可達起司

- 茅屋起司 Cottage Cheese 瑞可達起司 Ricotta Cheese
- 這兩種起司不像大多片裝即食起司般，含色素及大量鹽分。
- 含豐富且極容易消化的蛋白質。
- 可即食，不必烹調，貓狗都愛吃。
- 食用次數：每週最多 3 次。
- 分量：每次大約 1 茶匙。

植物性加料

　　貓咪是完全肉食者，那麼植物對牠們的價值何在？其實野外貓咪的飲食中，也會包含少量植物性食物，包括草葉及獵物（如小鳥、兔子）腸胃裡已被半消化的蔬果或穀物。蔬果能提供多種礦物質及維生素，當中亦包含了肉類缺乏的植物性生物素（phytonutrients）及抗氧化劑，這兩者都對增強免疫力及延緩衰老有莫大的幫助。此外，某些蔬果中的葉綠素和纖維素，有助貓咪排便、排毒素及排出吃下的毛髮等，能防治便秘、毛球等健康問題。但是，過多植物性食物會讓貓咪的尿液變鹼，引起下泌尿道結石，因此食用分量及處理、烹調的方法都要特別留意。

蔬菜類

- · 可給貓咪生吃的蔬菜有：小麥草、苜蓿芽、大部分菜苗、紅蘿蔔、黃瓜、櫛瓜、大部分深綠色蔬菜的葉子（根莖不適合，因太難消化），西芹葉等。
- · 最好煮熟才給貓咪吃的蔬菜：白菜、冬瓜、高麗菜、蘆荀、南瓜、地瓜等（貓咪尤其愛吃瓜類）。
- · 最好避免番茄，或其他酸性高或帶苦澀味的蔬菜，因貓咪的腸胃通常不能適應這類蔬菜。貓咪也不適宜進食各種菇類，因菇類對貓咪來說比較難消化。
- · 南瓜、馬鈴薯、紅蘿蔔、地瓜等澱粉含量高的蔬菜，不建議太常讓貓咪吃，並記得只可以非常少量的餵食。

· 選購時，請盡量選擇有機種植的蔬菜（尤其當你不打算將蔬菜煮熟）。因貓咪體積較小，所以牠們對任何化學肥料或農藥的耐受力也較人類低。

· 生食時，一定要把蔬菜磨成泥；熟食就切細便可，否則貓咪無法消化及吸收當中的營養。

· 蔬菜烹調法：生食或稍微燙熟或蒸熟（不用煮太久，否則營養會大量流失）。

· 食用次數：每天進食都可以，能和蛋白質加料一起餵飼。

· 分量：用作加料或小點心時，每天大約1茶匙就足夠。

· 若買不到有機種植的蔬菜或水果，你可以用以下天然的方法來去除農藥。

水果類

[天然除農藥
小妙方]

在 1 加侖清水中加進 2 湯匙蘋果醋，然後把買回來的蔬菜或水果浸於「蘋果醋水」中約 15 分鐘，取出後再以清水沖洗乾淨就可以了！

· 水果是一種最容易跟貓咪分享的食物，因不需要任何烹調，而且大部分水果貓咪都可以吃。除了酸性水果和葡萄（原因請參閱 P.76 小心！貓咪的禁忌食材），甚至連榴槤都可吃。

· 在眾多水果中，對貓咪最有益又易被牠們接受的可算是木瓜，它含有豐富酵素，有益消化。

· 給貓咪吃水果，請把水果切成小塊，磨成泥或搾汁，讓貓咪容易進食及消化。

· 水果雖然對貓咪有益，但含有糖分（糖分也是碳水化合物的一種），因此只適合每天吃少量（不超過 1 茶匙），否則可能出現腸胃不適及腹瀉等現象。

· 請把水果和正餐分開餵飼，至少相隔30 分鐘，才不會影響正常消化和吸收。

·木瓜　　·西瓜
·哈蜜瓜　·梨子
·香瓜　　·香蕉

超級綠色食物
Super Green Foods

現代的土壤不如以前肥沃，種出來的蔬果的維生素及礦物質含量也大不如
前。下列幾種可稱為 "Super Green Foods" 的天然食物，值得與貓咪分享，
因為它們含有異常豐富的微量元素、維生素、礦物質（有些在其他食物中非
常少見，如鋅、銅、鐵、鈣和維生素 B 群等）。另外，它們還含有豐富的
葉綠素和抗氧化劑，能幫助身體排出毒素。

1 大麥草（Barley grass）和小麥草
2 海藻（Sea Kelp）
·可購買海藻粉，最好是來自不受污染的海域。
·需注意服用量，因海藻含異常豐富的礦物質，非常少的服用量已足夠。
·不適合患有甲狀腺亢進的貓咪。

3 苜蓿芽（Alfalfa）
·餵飼方法及分量與小麥草相似，剪下來然後切碎即可。
·它能增進食慾，對胃口欠佳的貓咪特別有益。

日常美味貓零食

健康零食包括各種天然（可購買或以鮮食自製）的零食。許多貓家長為了讓貓咪開心，整天為牠們張羅各式各樣的零食，這種溺愛，相信大家都能理解。但過量或不適當的零食，最終反而會為貓咪帶來痛苦，因為一隻不健康的貓咪，不會有真正的快樂。所以，我們對貓零食要有正確的態度——視它們為補充貓咪能量的小點心（所以你沒理由每天給貓咪十次茶點），或作為貓咪做對事情的獎勵。

選購貓零食要注意

無論是什麼零食，每天都不應超過正常飲食的 10 ～ 15%，更不應代替正餐。雖然零食佔貓咪每天的飲食量並不多（也不應該多），但積少成多，所以還是必須選擇對健康有益的零食。而選購健康零食要注意的事項，跟選擇優質貓食糧的標準是差不多的！

貓零食選購指南

1 ｜ 一定要仔細閱讀材料或成分標籤（標示不明的，就不要購買）。

2 ｜ 不含任何人造色素或味精。

3 ｜ 不含任何化學防腐劑，如 Ethoxyquin、Propylene Glycol、Propyl Gallate、BHA、BHT。

4 | 不含 Benzoic acid、sodium benzoate 等苯甲酸類防腐（對貓咪有毒）。

5 | 不含任何動物副產品。

6 | 不含額外添加的糖分，例如玉米糖漿（Corn Syrup）。

7 | 大部分半軟或外硬內軟的零食都含有大量防腐劑和糖分，購買時要加倍小心！

分享鮮食要注意

無論是自製鮮食加料或零食，請注意下列事項，才能為貓咪的口福及健康加分。餵飼不當，是會影響貓咪健康的哦！

1 | 和貓咪分食，是一件快樂、有益健康的事，只要避免對貓咪有害的食物（請參閱 P.76），讓牠淺嘗多種有益的鮮食便足夠了。

2 | 無論是加料或零食，分量都不宜超過貓咪整天食量的 10 ～ 15%，否則貓咪會營養失衡、挑食或越來越胖。

3 | 辣味、濃味（過酸、過鹹或過甜），或煎炸的食

物都不應與貓咪分享（為了健康著想，你自己也應盡量少吃這類食物！）。這些食物不但對牠們的健康有害，還極容易令牠們上癮。

4 ｜ 人類的「垃圾食物」，即大部分零食、高度精製及含多種化學添加的食物（如洋芋片、五香牛肉乾、魷魚絲等）都不應與貓咪分享，自己也應少吃。

5 ｜ 不應與貓咪分享高糖分或高澱粉質的精製食物（如餅乾、蛋糕、中式甜點等）。

6 ｜ 如你經常為貓咪加料或給零食，請酌量調整正餐的分量，否則，恐怕貓咪容易成為過胖一族。

7 ｜ 請不要過分沉迷於為貓咪提供各式各樣的零食，應將重點放回貓咪的正餐。

　　記下以上餵飼零食需要注意的事項，就可以利用新鮮食材，動手自製和貓咪一起分享的美味輕食！（食譜示範請參閱 P.92 ～ 99 的親子共享食譜：木瓜優格慕斯、南瓜蛋餅、百變起司球、貓咪生日小蛋糕）

　　野外的貓狗，都會本能選擇適當的植物吃。相信有養狗的朋友一定有看過狗狗在郊外遊玩時，快樂啃著草的樣子，其實貓咪也不例外（不過要小心，有些草地會定期噴化學殺蟲劑）。

　　不少人將小麥草（wheatgrass）跟貓薄荷（catnip）混淆，全部統稱為貓草。這裡指的是長得像青草的小麥草，而不是吃了會讓貓咪很亢奮的貓薄荷。

　　人家可以在寵物用品店、園藝店或種籽店等買到小麥草種籽，或大麥草（Barley Grass）也可以。當然，如能買到有機種籽就更好！買回家後可用泥土或水種（像小時候種綠豆的做法），幾天後就會發芽，便有新鮮的草給貓咪享用。

　　小麥草有助消化，當貓咪感覺消化不良時，常會特別想吃草。有些貓咪會將剛吃下的草吐出，請不必驚慌，這是正常的！因為小麥草會促進貓咪消化系統的蠕動，包括食道，過程中也會將貓咪身體中有毒或消化不了的東西（如毛球）一同吐出來。此外，小麥草也含豐富的非水溶性纖維，能加速體內廢物及毒素排出。

・**食用方法**：可以將整盆草給貓咪自由進食。不過要限時，否則可能一天內就吃光光；如貓咪不懂自己進食小麥草，可將少量小麥草剪碎，加入食糧中。

・**分量**：每天最好不超過 1 茶匙。小麥草屬性微涼，有輕瀉作用，有些貓咪吃下後會輕微腹瀉。

木瓜優格慕斯

只需 3 分鐘，2 種材料，
就能完成一道有益腸胃的健康甜點。

材料

新鮮木瓜（選熟成的） 適量
原味優格（要有活性菌的） 適量

作法

1　將木瓜切開去籽，果肉放進攪拌機裡打成果泥。
2　以1份木瓜泥：3份優格的比例，加進原味優格，
　調勻即可以給貓咪享用。

親子共食

給人類享用時，若想美觀一點，可以分別將木
瓜泥和優格一層一層的放進玻璃杯裡，最後用
點薄荷葉裝飾。

Point

1　木瓜性微寒，脾胃虛弱的人或動物建議一次別
　吃過多；一般貓咪每次享用 1 ～ 2 茶匙的木瓜
　優格慕斯就已足夠，吃過量可能會導致腹瀉。

營養特色

被稱為萬壽果的木瓜，除了含豐富的抗氧化維生素 A、C、E、K外，
還特別獨有木瓜酵素 "Papain"，能幫助消化及分解多餘脂肪。所含的
膳食纖維也能潤滑腸道、預防便秘。活性優格則是能幫助腸道細菌生
態平衡（尤其對經常肚瀉、服用抗生素的貓咪有效），更含日常飲食
中容易缺乏的維生素 B 群及鋅。

南瓜蛋餅

這是一道營養豐富、容易消化，
無論大貓小貓，甚至人類都愛吃的小點心。

材料

南瓜肉（切塊）約 1 又 1/4 量杯
蛋黃 6 顆
清水 6 湯匙
天然粗海鹽 1/8 茶匙

作法

1　將烤箱預熱至攝氏 170 度。
2　將切塊的南瓜肉稍微蒸軟，然後剁碎備用。
3　將蛋黃、水和海鹽打勻，然後再加入南瓜肉攪拌均勻。
4　把南瓜蛋液倒入預先塗上油的烤盤中。（建議可用約 15×8×6cm 的烤盤），烤約 25 分鐘。
5　完成後，把蛋餅倒出，切成 1 公分厚的薄片。

親子共食

我們吃的時候可加點番茄醬，或者直接吃，更能吃出南瓜的甜味和蛋黃濃郁的香味！

Point

1　因為是點心的關係，貓咪不宜吃過多，每次最多吃 1/4 ～ 1/2 塊就差不多了。
2　以上材料約可製作 10 塊蛋餅。

營養特色

含豐富水溶性纖維的南瓜對排便有益，而雞蛋含容易消化的蛋白質、蛋黃素、維生素 D 及 DHA，對腦部健康及正常的脂肪分解都有幫助。

百變起司球

外層材料按貓咪喜好配搭，
是好看好吃又好玩的小點心。
貓咪會一邊舔食，一邊撥弄起司球，
樣子可愛極了！

材料

內餡：
罐頭沙丁魚／鮭魚 約 1 ~ 2 湯匙
（足夠做 7 ~ 8 個起司球）
奶油起司（cream cheese） 適量
外層（可依貓咪的喜好選擇）：
乾燥貓薄荷／椰絲／柴魚乾／乾燥巴西利適量

作法

1 將不同的外層材料分別放在獨立的碟子備用。
2 罐頭沙丁魚／鮭魚先倒去多餘的水分或油分，
  再以清水稍微沖過，去除過多的鹽分，然後用
  廚房紙巾輕輕擦乾。
3 用刻著 1/4 茶匙的量匙，刮大概半小匙的奶油
  起司，放進一點沙丁魚或鮭魚作餡料，輕輕將
  餡料擠壓一下，然後再添入半匙奶油起司。
4 快速將包著魚肉餡料的起司用手指（因為手指
  溫度較手掌低）搓成球狀。記得動作要快，不
  然起司會溶掉。
5 將起司球放在所選擇的外層材料上快速滾動，
  待起司球黏滿食材後就完成了。

親子共食

給人類享用時，起司球可以做得大一點，餡料
也可以多放一些。

Point

1 避免貓咪嗆到，起司球直徑不要超過 1.5cm。
  家長可依照個別貓咪的需要自行調整。
2 奶油起司一定要夠冷才能成功，所以別太早從
  冰箱拿出。
3 建議貓咪每次享用 1 個起司球。

營養特色

起司含有豐富的鈣、磷及維生素 D，對骨
骼健康有益處。不過它的脂肪、熱量與鹽
分頗高，所以不適宜大量或太常食用。

貓咪生日小蛋糕

貓咪終於不用再看著你
大口吃掉牠的生日蛋糕，
自己卻沒份了！

Cats can have
their own cake too!

材料

內餡：
新鮮雞肝　約 180g
雞蛋　1 顆
冷榨椰子油　2 湯匙
快熟燕麥片　2 湯匙
南瓜肉（切小塊）　1.5 湯匙
外層：
奶油起司（cream cheese）　適量
罐頭沙丁魚／鮭魚／熟鮮蝦／熟蟹肉　適量
乾燥貓薄荷／柴魚乾／乾燥巴西利　少許

作法

1　預熱烤箱至攝氏 175 度。（用小型吐司烤箱不必預熱。）
　　新鮮雞肝用攪拌器打成漿。
2　雞蛋打散成蛋汁，加進椰子油，倒入雞肝漿中拌勻。
3　再將乾材料（南瓜肉和燕麥）逐量加進雞肝漿中，慢慢攪
　　拌。
4　將拌勻的雞肝蛋糕漿倒進杯子蛋糕的模具裡，以 175 度烤
　　12 ～ 13 分鐘。用小匙輕壓一下，表面不會塌下就可以。
5　取出蛋糕。降溫後，放上一層奶油起司，再放上貓咪喜歡
　　的外層材料。
6　最後加上少許貓薄荷／巴西利／柴魚乾作點綴。

親子共食

若給人類享用時，可以加一點番茄醬。

Point

1　罐頭沙丁魚／鮭魚先倒去多餘的水分或油分，再用清水稍
　　微沖一沖，去除過多鹽分，然後用廚房紙巾輕輕拍乾。
2　奶油起司一定要夠冷才能成功，所以別太早從冰箱拿出。
3　建議貓咪每次最多享用一個迷你小蛋糕。
4　有些貓咪雖然很想吃，但卻無從入口，家長們拍完照後，
　　可能要幫貓咪把蛋糕切成小塊，貓咪才能順利享用喔！
5　以上分量足夠做至少 12 個迷你蛋糕。

營養特色

貓咪最愛的食材：肝臟、
雞蛋、南瓜、海鮮、貓薄
荷等，全在這小小的蛋糕
裡，營養超豐富！肝臟含
豐富維生素 A、B 群及硒，
對貧血、眼睛、神經系統
及免疫系統都有幫助。

PART

3

自製健康貓鮮食料理

貓鮮食基本課

人類的健康餐，不等於貓的健康餐

曾經有崇尚天然的整全性（Holistic）獸醫作出這樣的評論：「自製寵物鮮食可以是寵物最好，或最差的食糧。」為什麼這麼說呢？以貓咪為例，如果你明白，又接受牠們身為完全肉食者的特性，了解牠們的營養需求，又肯花時間照著通過營養分析的食譜，適當的配合營養補給品的話，由你親手弄給貓咪吃的鮮食料理很可能是牠們最健康美味的佳餚。

但若你只給貓咪吃魚和飯，又或者經常依據人類的健康飲食原則（少肉多菜、低脂、少鹽、少糖）來自創料理給貓咪吃，那就隨時可能導致貓咪嚴重營養不良，危害健康。因為身為肉食者，貓咪的健康飲食原則和我們截然不同，甚至幾乎完全相反。

近年來，興起一股為寵物下廚的風潮。無論報紙、雜誌等都不時刊登相關的寵物食譜。對此，我實在有點擔心，因為這類寵物食譜大多以人類的健康飲食角度作指標，而不是由貓狗的健康角度出發。如用作偶爾的零食或一餐半餐的正食，對貓咪的影響可能不會太大，但這類營養不均衡的食譜，千萬不可長期食用。

我個人認為，既然你在百忙中仍願意抽時間親手弄點美食給貓咪，倒不如認真學習如何製作一頓既能滿足牠們口腹之慾，又能為牠們健康增值，且營養全面（wholesome）的鮮食料理！

自製貓鮮食料理的好處

1 ｜能完全控制貓咪日常飲食中所有的材料及素質

　　這也是自製貓鮮食最重要的好處。2007 年美國 Menu Foods 發生導致超過 8500 隻貓狗死亡的大型全球性寵物食糧回收事件，許多貓狗家長都對市售貓狗食糧失去信心，情願自製鮮食。相較以前大家所吃的，多是自農場裡收成，不用經過複雜加工，就直接新鮮食用，現代的食品其實不論對人或動物都危險得多；再加上嚴重工業化、食材複雜、全球化，導致食物安全危機頻傳。從美國食物及藥物管理局的官方網站所見，單從 2011 ～ 2013 期間，就有至少 35 起貓狗商業食糧回收事件。當中有因為受到沙門氏菌或黃麴毒素污染，或因維生素 B1 過少而要回收；而其實所有經過大量加工的食物，都有被污染的危險，只有買新鮮食材親手製作的食物最令人安心。

2 ｜新鮮天然的食物較有營養，且易被身體吸收

　　例如人造維生素 C 會導致體內銅流失，但來自天然食物的維生素 C 卻不會有此反效果。

3 ｜可以因應貓咪個別需要量身訂製

　　比方說貓咪對某種食材敏感，自製鮮食料理可以避免採用此食材。相對的，若貓咪在食用自製鮮食後出現敏感或其他不適，由於成分較市售食糧簡單，也較容易查出究竟是哪種食材出了問題。

4 | 用料多元，增添樂趣，不易對特定食物上癮

由於貓咪是習慣性動物，而吃慣多元化鮮食的貓咪通常比較不會挑食，不用家長擔心。

5 | 讓家長和貓咪的關係更親密

親手做的料理，當然多了一份關愛，貓咪必定感受得到。

自製貓鮮食可能遇到的阻礙

1 | 有可能導致貓咪營養不均衡

類似的警告，很可能會出自你熟識的寵物店或獸醫的口中。因為他們認為只有商業寵物糧製造商才能了解及供給貓狗的營養需要。現實中，的確有不少熱心但無知的動物家長喜歡道聽塗說，胡亂自製貓狗鮮食，使得「營養不足」、「危害健康」等負面形容詞與鮮食掛勾。

因貓咪有頗多獨特的營養需求，自製貓鮮食料理的確有難度。但只要你願意花多點時間去研習（就像閱讀這本書），自製可滿足貓咪營養需要的鮮食料理並不是件不可能的事。我也可以告訴你，營養均衡的貓鮮食料理，就是最健康的貓咪主食。

2 | 每天為貓咪下廚，耗時費工

市售貓飼料或罐頭，一開就可以吃，當然方便；

泡麵也很方便，但可以選擇的話，相信大多數人應該不會為了方便，每天都吃泡麵吧？要有收穫，就要付出，不難理解吧？難道貓咪的健康不值得你付出一點時間？其實，當你熟習了製作過程及材料運用後，每星期大約只要花 1 小時，就可以預備貓咪整個星期的鮮食料理了。為貓咪下廚，並不會比為你自己或家人煮食更花時間，而且還能增進你和貓咪的感情呢！

3 ｜不是沒時間，而是自製貓鮮食成本太高

若你拿採用劣質材料的商業貓飼料作比較，自製貓鮮食的材料費當然會較高（因為材料素質的差距實在太大了！）可是，如果你以優質的市售天然糧作比較的話，自製貓鮮食的費用就不一定較高。畢竟，貓鮮食食譜中的材料並不是什麼山珍海味，只是我們平常在市場就可買到的食材。加上貓咪的體型小，所需的材料分量並不算多，用在製作貓鮮食料理的費用，就當作是你對貓咪健康的投資吧！這項長線投資不僅能為你的貓咪賺到健康，也能為你省下許多看獸醫的費用和種種不良飲食帶來的疾病、痛苦，絕對是項值得的投資。畢竟，健康是無價的。

自製貓鮮食料理的必備條件

1 ｜先花時間學習，做好功課

我最不希望發生的，就是有讀者一買到這本書，就立刻翻到食譜部分，然後迫不及待的弄餐給貓咪。問

題在於，沒有閱讀前文後理，對貓咪基本的營養需要或自製貓鮮食中要注意的事項一知半解，若當中出了什麼問題，讓貓咪吃過後不舒服，這位讀者可能會對自製貓鮮食失去信心。又或者，貓咪因為不當的自製貓鮮食程序讓健康出了嚴重警訊，不但會害慘貓咪，還會延伸出許多對鮮食的誤解。如果你不想成為貓鮮食界的「老鼠屎」，就請務必在開始嘗試自製任何貓鮮食前，多花點時間心思去學習。

2 ｜若長期以貓鮮食為主食，食材必須多元化

有不少家長習慣了乾飼料的餵食方法，以為每天餵貓咪吃同樣的食物最健康。這是錯誤的想法。若你看看乾飼料的包裝，就會發現其中至少運用了 20 種材料，成分非常複雜；也由於這個原因，要貓咪同時適應多種材料，需要的時間較長，因此也不適合太常轉換乾飼料（但還是鼓勵每 3 ～ 4 個月要轉換一次）。

但鮮食料理的食材就簡單多了，且由於每種食材都有自己的營養特色，如長期給貓咪食用同一食材，就很可能會導致某種營養素過剩或過少的問題。因此，若長期以貓鮮食料理為主食，食材就必須要多元化，才能避免營養失衡。怎樣才算多元化？每星期給貓咪食用起碼 3 款不同肉類為主的鮮食料理即可（也就是每星期轉換至少 3 個不同的食譜）。

3 ｜不要隨便更改食譜

本書的食譜已經過電腦營養分析，特定的配搭才能達到貓咪每天的營養需要。如擅自更改部分食材或

分量，長期下來可能會導致營養失衡。舉個實例，我曾經為一隻貓咪量身設計自製貓鮮食料理食譜長達兩年，有次該家長向我表示貓咪體重一路下降，不知是否患上其他重病。我問家長飲食上有沒有什麼不同，有沒有跟著食譜照做呢？後來才知道，原來那兩個月來家長工作忙碌，食譜裡的無鹽牛油比較難買到，所以乾脆就沒有用任何牛油了。看起來好像沒什麼關係，但不用牛油，貓咪每天的脂肪攝取量就不夠，慢慢的貓咪就瘦下來了。所以，如果你正在用經過特別設計且營養分析的食譜，千萬別擅自更改裡頭的內容。

4 ｜盡可能使用天然、有機食材

　　既然都要花同樣時間去處理，經濟上許可的話，盡量買有機或至少以天然方法種植的農作物或肉食。這樣比較不會受到農藥或化學肥料污染，貓咪的肝臟對許多化學物都非常敏感，很容易中毒。另外，許多工廠式養殖的動物都在不人道的環境下生活，沒見陽光、沒運動、擠到連轉身的空間也沒有、經常被打激素和抗生素、被逼食用不適合本身物種的劣質飼料。這種悲慘動物所提供的肉食不止殘忍，吃下去也不會健康，因為食用者會連同牠們體內的激素及抗生素等通通吃下。況且貓咪的食量其實不多，雖然比一般肉食貴，還是建議盡可能買有機養殖、放養、沒打激素、沒用抗生素的肉食。

5 ｜小心觀察，細心記錄

　　盡量親手做貓咪鮮食料理，別假手於人，因為別人不知情，可能會弄錯或沒有依照食譜的分量。此外，請小心觀察並記錄用餐情況及大小便狀況，尤其是在剛開始吃鮮食的階段。這樣，如果貓咪對某種食材出現敏感或其他不適的情況，我們都可以盡早查出。

6 ｜定時檢查，確保健康

最理想的狀況，是在開始長期給貓咪吃自製鮮食料理前，先去獸醫診所進行全身檢查（包括血液、電解質及尿液驗測），確保貓咪沒有嚴重疾病（如腎病、糖尿病等）才開始轉吃鮮食。如貓咪不幸被驗出有腎病或其他慢性病，就不能用書裡提供給一般正常貓咪食用的食譜了。這些病患貓咪也能吃鮮食，但是必定要使用為牠們個別健康情況設計的特定食譜。另外，在貓咪開始吃鮮食料理的 2 ～ 3 個月後，可以再給獸醫檢查一次（也包括血液、電解質及尿液驗測），確保沒有出現嚴重營養失衡的狀況。之後，就可以保持正常的每半年或一年一次的健康檢查。

7 ｜要有耐性，夠堅定

我知道有不少聽話的讀者，試著小心根據我的貓鮮食食譜親自為貓咪下廚，弄了大半天（因為這些家長平常都不怎麼下廚），終於弄好了，開心的端到貓咪面前卻被貓咪拒絕了；被貓咪的臭臉打敗後，家長就跟我說他們的貓咪就是不吃鮮食，他們不會再浪費時間了。第一次被拒絕，就帶來永遠的挫敗感，讓人不敢再嘗試。

如果你家貓咪一向都只吃乾飼料，尤其是重口味、非天然的乾飼料，要牠第一次就立刻接受味道清淡且

不熟悉的鮮食是不太可能的，因為牠很可能認為除了
牠熟悉的乾飼料外，其他的食物都不算是食物。建議
起碼要試 3 次，而且如果貓咪已對乾飼料上癮，就要
慢慢用鮮食作加料，或慢慢轉吃比較健康的天然貓罐
頭，再轉為試吃自製貓鮮食料理。

　　你要理解，口味不是短期內就能改變的，尤其貓咪
是習慣性動物，要貓咪接受新食糧（包括鮮食），可
能需要幾個月，甚至一整年的時間，家長必須抱著屢
敗屢試的精神才會成功（可參閱 P.172）。

貓鮮食料理食材分類

之前跟大家分享過，自製貓鮮食料理是家長能夠完全控制貓咪主食食材的唯一方法。也正因為現在你掌握了大權，像電影「蝙蝠俠」裡的名句 " With power comes responsibilities"；當你擁有 100% 控制貓咪食材的權利，你就有責任為牠們選合適的、對健康有益的新鮮食材。動手為貓咪做料理並不是一時興起、貪好玩的休閒活動，而是認真的、責任重大的愛的任務。希望大家認真看待，並非只是依照食譜烹調、拍個照，然後放相片上社群網站就算了。

在為大家介紹各種貓鮮食料理的食材前，再次請你留意貓咪飲食多元化的重要性。因自製貓鮮食料理並不是如大眾誤以為的，燙一燙雞肉、煎一下小魚、拌點飯就可以了。貓咪需要從多種食物中攝取不同的營養，否則必定會營養失衡，長期下來便會對健康造成嚴重影響。

另外，在選購材料時，請選擇你能力範圍內可找到，最新鮮、最不受污染的材料。尤其是長期患病及抵抗力低的貓咪，最好能進食有機材料，以免牠們體內增添更多毒素。幸運的是，有機食材目前越來越普遍且受歡迎！為貓咪選擇優質合適的食材配搭，就是貓鮮食料理的靈魂。

還有一點再向大家重申一次，一般貓咪（患病的貓除外）的理想日常飲食，應符合以下營養特色：大量動物蛋白質＋適中分量的脂肪＋極少量碳水化合物（記得碳水化合物並不是必需的）。

由此可見，貓鮮食料理中佔最大比例（超過每餐食材的 80%）且最為重要的食材是動物類蛋白質（大多已包括脂肪），其餘就是少量蔬菜或一點天然的調味品。

[貓鮮食料理
主要食材分類]

1. 動物類蛋白質：
　　肉類、內臟、蛋類、海鮮類、乳品類。
2. 蔬菜類
3. 天然調味料
4. 水

貓鮮食
主要肉類
食材一覽

營養特色：所有肉類
都含豐富蛋白質和磷，
所以不再重複列出。

雞肉

維生素 B2（核黃素）、
維生素 B12、維生素
B6（泛酸）、維生素
A、維生素 D、維生素
K 等；雞腿肉比雞里肌
肉營養豐富。

鴨肉

維生素 B3（菸鹼酸）
和其他維生素 B 群、
鐵、硒、鋅、銅、維
生素 E 等。

鴿肉

維生素 B6（泛酸）、
維生素 B12、維生素
A、銅、鐵等。

鵪鶉肉

卵磷脂、維生素 B3（菸
鹼酸）、膽素、鐵、硒、
鋅、銅。

火雞肉

維生素 B2（核黃素）、
硒、鋅、膽素、鉀等。

兔肉

維生素 B3（菸鹼酸）、
鐵、硒等；比一般肉
類低鈉。

牛肉

鐵、鋅、維生素 B12、
維生素 B3（菸鹼酸）、
維生素 B6（泛酸）等。

羊肉

維生素 A、維生素
B12、維生素 B3（菸
鹼酸）、鋅、鐵、銅、
硒、錳、色胺酸等。

豬肉

維生素 B1（硫胺素）、
維生素 B2（核黃素）、
維生素 B3（菸鹼酸）、
鐵、鋅等。

- 肉類是蛋白質主要來源，也是對貓咪最重要的食材之一。

- 貓咪蛋白質需求量和消耗量都非常高，所以日常飲食中的蛋白質來源對牠們的健康有莫大的影響。

- 要讓貓咪飲食多元化，能夠攝取足夠、多樣不同的營養的話，長期為貓咪自製貓咪鮮食料理時，每星期最好有至少 3 款以不同肉類為主的食譜製作料理（因每種肉類都有不同的營養特色）。

- 為避免對貓咪的腸胃造成不必要的負擔，在同一餐裡，建議別用超過 3 種肉類。

- 每星期起碼讓貓咪吃 2 次鐵質豐富的肉類（如牛肉／鴨肉）。

- 在自製貓咪料理時，用絞肉（自己絞碎的肉更加新鮮衛生）比較方便，且容易與其他材料混合，亦較易煮熟；但建議把部分肉類切成較大塊（視貓咪是否願意接受）的粒狀或塊狀，讓貓咪的口腔及牙齒有機會做做運動。

- 因貓咪飲食中需要適量的脂肪，包括來自動物的 Omega-6 脂肪酸，所以選擇肉類時，除非貓咪需要減重，否則請不要每天都選擇非常瘦的肉類（建議給貓咪吃雞腿肉多於雞里肌），也不用刻意去掉肉裡的脂肪（除非真的太誇張，如很厚的鴨皮或雞腿皮）；因為這些動物脂肪裡，都含有貓咪必需的花生四烯酸，尤其是來自雞和豬的脂肪。

- 以下列出的肉類皆屬瘦肉，若書中食譜提議用以下某種的瘦肉，你也可以用相同分量的其他瘦肉代替（但營養分析就會不同）：

瘦肉

超低脂肪的肉類
（建議不要每天食用）

普通低脂肪／
一般肉類
（可以經常使用）

火雞肉（不連皮）	雞腿肉（不連皮）
雞里肌（不連皮）	鴨腿肉（不連皮）
兔肉	鵪鶉肉（連皮）
鴨胸肉（不連皮）	鴿肉（連皮）
鵪鶉肉（不連皮）	瘦牛肉
鴿肉（不連皮）	瘦豬肉

- 下面所列出的肉類均是較「肥美」的部位，所以只

肥肉

雞腿肉（連皮）
普通絞牛肉
普通牛排
羊肉
大部分豬肉

能偶爾取代食譜中的瘦肉材料，並記得將食譜中的食油分量以 1 湯匙油對 1 量杯肥美肉類（即大約 450g 肉）酌量減少。

- 另外，如你家貓咪腸胃比較敏感，建議你在剛開始為貓咪下廚時，每餐只用一種肉類（但可以用不同部位，如雞肉和雞肝）及其他材料。過了幾天，在確保貓咪吃了這種肉類沒出現敏感的情況後，下一次才再試用另一種肉類。

- 貓咪鮮食料理為提供足夠的動物性蛋白質，通常都要用到大量肉類；而肉類含大量磷，但卻不含鈣；若不額外補充鈣質，貓咪料理的鈣磷比例大概會是 1：15 ～ 1：20，非常不平衡，對貓咪的骨骼健康有莫大的影響；所以，千萬要注意食譜內所建議的鈣質添加（有關補充品的訊息，在 P.124 ～ 143 中有講解）。

2 ｜內臟

- 野生貓咪必定會吃掉獵物的內臟，因為內臟是營養庫，儲存了許多動物肌肉所缺乏的維生素、礦物質及微量礦物質。

- 內臟一般含有豐富的活性維生素 A、維生素 B2（核黃素）、維生素 B12、葉酸、維生素 D、維生素 E、維生素 K、硒、鐵等；其中牛心的銅含量特別高，心臟的牛磺酸含量較高。

- 其實動物的心臟、腎臟和肝臟貓咪都可吃（貓咪尤其愛吃肝臟，因肝臟的營養比其他內臟更豐富），但礙於腎臟和肝臟都身負排毒功能，而現代牲畜和家禽養殖環境差，建議最好還是選擇來自有機養殖的動物內臟比較安全，以免讓貓咪吃下累積在肝腎的毒素）。

- 以市售貓飼料／貓罐頭作主食的貓咪，由於飼料中通常已包含充足的維生素 A、D，如果每天都再進食過量的內臟，就可能會因攝取過量維生素 A 和 D 而中毒。

- 相反，靠自製貓鮮食作主食的貓咪，每天飲食必須包括內臟，否則的話必定會造成嚴重營養不良。但建議內臟分量不超過總食量的 10%（新鮮內臟大約 10g；脫水內臟則約 2g 已足夠）；如當天的主食料理中剛好沒用到內臟，則用脫水內臟作零食或加料即可。

3 ｜ 蛋類

- 蛋類營養非常豐富（尤其是蛋黃），含有所有貓咪所需的氨基酸，而且貓咪不像人類，不必擔心膽固醇問題，可以經常於料理上使用。

- 蛋類含非常豐富的膽鹼（choline）、卵磷脂、維生素 D 等。

- 除了雞蛋，其實鵪鶉蛋也是很好的選擇；比起雞蛋，鵪鶉蛋含更多蛋白質、維生素 B1（硫銨素）、維生素 B2（核黃素）、卵磷脂和鐵質。

- 如果蛋類是有機養殖的，蛋黃給貓咪生吃也可以，但蛋白就必定要煮熟（原因請參考 P.76）。

4 ｜海鮮類

- 大部分海鮮類（除了油脂豐富的某些魚類：鮭魚、沙丁魚、秋刀魚等）都含大量蛋白質，但脂肪含量又低，特別適合過重貓咪食用。

- 鮭魚、沙丁魚、秋刀魚等魚類，含豐富的 Omega-3 脂肪酸，對貓咪的關節及整體免疫力等都有益處。

- 海鮮通常含豐富蛋白質、磷、碘、錳、銅、鈉、維生素 B 群等。

- 建議一星期不超過 2 ～ 3 次，以魚或其他海鮮作為貓咪飲食中的蛋白質來源；海鮮除了極容易令貓咪上癮外，重金屬含量往往也頗高（尤其是貝類和大型魚類），現在更要擔心是否會受輻射污染；另外，如貓咪太常吃某些魚類，如鮭魚、沙丁魚、秋刀魚等，更有機會患上痛苦的「黃脂病」（詳情請參閱 P.77）。

- 對於有些容易罹患泌尿道結石的貓咪，經常以海鮮作主食，可能會讓牠們的結石更容易復發（因海鮮所含的磷、鎂、鈉等礦物質特別高）。

- 另外，海鮮類也比較容易引起敏感（尤其皮膚敏感）；以中醫角度來看，生活在海裡的生物都比較多濕毒（尤其是貝類），所以比較容易導致濕疹；有不少皮膚敏感的貓咪，在戒掉海鮮一段時期後就不藥而癒了。

5 │ 乳品類

- 乳製品除了含有大量及容易消化的動物類蛋白質，還有豐富的維生素 D、生物素、葉酸、鈣和磷。

- 絕大多數貓咪都喜愛優格和起司等乳製品的味道。

- 請選擇沒添加糖分的原味優格，或比其他起司含鹽量較低的茅屋起司（Cottage Cheese）或瑞可達起司（Ricotta Cheese）。

- 雖然大部分人對貓咪吃優酪和起司沒有異議，可是是否繼續給成年的貓咪飲用牛奶或羊奶，就是個值得爭議的話題。其實，除了人類，幾乎沒有其他動物會在成年後還喝奶（而且是其他動物的奶！）來攝取營養。這可能解釋了為何有些貓咪一到成年便不能完全消化牛奶，牠們一喝下就會出現脹氣、腹瀉等症狀。

- 另一個解釋，就是現代的牛奶大都經過低溫殺菌處理（即 Pasteurization）。這過程可能導致牛奶中的蛋白質結構產生化學變化，亦在殺菌的同時，消滅了當中的益菌及酵素，讓牛奶變得較難消化。因此，如果要給貓狗飲用牛奶的話，可盡量選擇未經低溫殺菌處理的鮮奶／生牛奶。

• 羊奶也可成為另一選擇，因它比牛奶較易消化。

• 由於優格和起司都經發酵，乳糖成分會比較低，多數貓咪吃了都沒問題；但若你的貓咪連吃下優格或起司，都出現消化問題的話，最好還是從貓咪的日常飲食中剔除所有奶類製品吧！

蔬菜類

　　蔬菜是多種維生素、礦物質、抗氧化劑及膳食纖維的來源。但基於貓咪是完全肉食者的關係，蔬菜的分量不宜過多，否則會影響貓咪身體的酸鹼度，過多膳食纖維亦會阻礙蛋白質吸收。在 P.85 ～ 86 中已提過適合貓咪的多種蔬菜，也敘述過蔬菜的處理方法。但我也不厭其煩的要再次勸籲大家，購買有機種植的蔬菜給貓咪及自己或家人享用，就不怕將有毒的農藥也吃下肚，對大家的健康會比較有保障。

適合貓咪的天然調味料

1 | 酵母粉（Yeast Sprinkle）

· 酵母粉是貓狗都喜歡的天然調味料之一。對貓咪來說，在牠們的食物灑上少許酵母粉，就像我們在義大利麵上灑起司粉般誘人。

· 酵母粉中含大量的維生素 B 群，營養酵母（Nutritional Yeast）和啤酒酵母（Brewer's Yeast）都可以給貓咪食用，其中營養酵母較優質。

· 酵母粉也具防蚤功效，若與蒜茸一起雙管齊下，功效就更顯著。

· 少數貓咪可能會對酵母粉有敏感反應。

· 如貓咪正患有下泌尿系統的疾病或結石，請暫停服用酵母粉。

2 | 香草（Herbs）

其實我們也可將日常用到的香草，如香菜、巴西利（Parsley）及迷迭香（Rosemary）等，取少量切碎（乾燥的或新鮮的都可以），為貓咪的菜色調味。貓咪瘋狂喜愛的貓薄荷（Catnip）也可作調味的一種！

水

在 P.23 中已跟大家詳細解釋過水分對貓咪健康的重要性。自製貓鮮食料理中的主要食材，像肉類、新鮮內臟、蛋類、新鮮蔬菜等都含豐富水分，再加上烹調中所加進的清水（防止食材黏鍋、使料理保持濕潤、增加貓咪攝取的水分），已足夠提供一般貓咪每日所需的大部分水分。

曾經有幾位讀者問過，究竟什麼水對貓咪來說才算是「好水」？城市所供應的水大多經過氯消毒，又經過氟化，其實這些化學物質對貓咪的健康都沒有益處。將水煮開了，不就行了嗎？沒錯，煮開過的水能除氯，並殺掉大部分細菌，但高溫並不能除氟，也不能除掉水裡因水管剝落而殘留的重金屬。

所以，不要給貓咪直接飲用自來水，要經過過濾，且能過濾掉重金屬的最好。其實純天然，來自無污染地區的泉水對貓咪來說是很不錯的選擇。但大部分的市售礦泉水其實只是加入人工合成礦物質的清水，不建議給貓咪飲用。那蒸餾水又如何？其實蒸餾水跟經過逆滲透（Reversed Osmosis Filter）過濾的水一樣，非常適合身體需要排毒或淨化時短期使用；但若長期使用，又沒有額外添加任何礦物質的話，就可能會導致體內礦物質流失。

不過我本身家裡用逆滲透過濾器，貓咪和小狗全都喝逆滲透水超過 8 年，加上鮮食和各種營養補充品（也包括礦物質補充），每位毛寶貝都還算健康活潑喔！

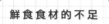

鮮食食材的不足

在這部分完結前,想跟大家分享一個 2013 年 6 月刊登於美國獸醫學會期刊的研究報告。此研究分析了 200 個來自獸醫教科書、書本、網站的食譜,其中有 129 個食譜是由合格的獸醫所設計,其餘的是由非獸醫人士撰寫。研究發現有 14 種營養素在至少 50 個食譜中都缺乏。部分營養素更嚴重不達標,甚至低於美國國家研究委員會(NRC)所訂標準的 50%。

根據這份研究報告,再加上我自己設計食譜的經驗,以下是貓狗鮮食料理中經常嚴重缺乏的營養素:鈣、維生素 D、維生素 E、鋅、銅、膽鹼(Choline)、EPA ∕ DHA。

所以,新鮮食材雖然是自製貓鮮食的基礎,但必定需要適當的營養補充品也是必需的安全網。大家切記,要仔細閱讀下一章節,了解哪些營養一定要額外補充、怎樣補充。我認為只要盡量不選擇人工合成的營養品(因為容易過量補充),適量的使用天然補充品,便能使貓狗的鮮食料理更完整、更令人安心。

營養補充品

什麼情況才需要補充營養？

或許你現在心裡正出現了一個大問號：「如果我已給貓咪吃非常優質的市售天然貓糧，理應有充足的營養，為何還要額外補充營養呢？」

當然，健康源於平衡，若過量或盲目的為貓咪提供營養補充，實在是「好心做壞事」呢！但若懂得如何適當運用營養補充品，除了能讓貓咪日常飲食的營養素質提升外，它們更是保健、疾病防禦及延緩衰老的好幫手。以下種種原因，都解釋了為何大部分生活在現今社會的貓咪都需要某種程度的營養補充：

1 | 其實在之前的章節也提及過，所有商業貓糧的製作過程中，難免流失大量的營養素。雖然製造商已加入各種維生素、礦物質去彌補，但這些營養素的真正含量及吸收程度卻無法得知。

2 | 就算是新鮮的肉類、蔬果，通常也都需要經過處理、包裝、運送及存放等。營養流失的程度雖然不及市售寵物糧食大，但某些重要的營養素還是會在這些過程中流失。

3 | 某些重要的營養素，如牛磺酸、維生素 B 群等，都會在煮食過程的高溫下毀壞。

4 | 如果長期以自製貓鮮食料理作為貓咪的主食，就必須適當的加進多種營養補充品，否則貓咪會因為

營養失衡而嚴重影響健康。

5 | 任何污染因素（包括空氣污染、二手菸等）都可能使人類和動物體內產生過多的游離基（Free radicals），導致身體對抗氧化維生素及礦物質的需求量提高。

6 | 大部分農產品都含有對健康有害的化學物質，如肉類含抗生素、蔬果類含農藥等。在進食了這些含有化學物質的食物後，身體便需要更多抗氧化維生素及礦物質，才能有效處理及排出這些毒素。

7 | 貓咪對壓力尤其敏感。搬家、噪音、有新成員（人或動物）加入、患病等，對牠們來說都是壓力。面對壓力時，若沒有額外的營養補充來增強免疫力，牠們會很容易生病。

8 | 當貓咪處於特別的身體狀況時，如懷孕、哺乳、迅速生長、年老、長期患病等，身體都極需要額外的營養補充來輔助。（詳情請參閱 Part 5）

貓咪的日常補給品

以下就為大家介紹幾種基本的日常補給品，適當的運用，就能有效為愛貓的健康加分。由於市售的商業貓飼料或貓罐頭，通常都已包括了貓咪每天所需的維生素和礦物質，所以千萬要留意有哪些不必重複補充，否則過量補充也可能會危害貓咪健康。

　　下列的營養補給品適合大多數貓咪，但若貓咪有嚴重或長期患病，又或須長期服藥時，最好還是先請教專業人士的意見，再選擇適當、有助病情的營養補充；主要是因為某些嚴重的疾病和相關的藥物，會影響貓咪對營養素的吸收、需求、限制等。另外，某些營養補給品和某些藥物同時服用時，可能會在動物體內產生對抗或其他不良反應（Adverse Food-Drug Interactions），所以一定要小心！

貓咪日常營養補充品一覽表

＊注意！有些貓用綜合維生素／礦物質已包括維生素 B 群、維生素 E、海藻粉的補充品，那就不用再額外補充，所以記得要留意補充品的營養成分。

	自製貓鮮食料理	食用市售貓食糧
鈣質補充品	✓	✕
牛磺酸	✓	✕
貓用綜合維生素／礦物質補充品	✓	✕
維生素 B 群	✓	▲
維生素 E	✓	◎
必需性脂肪酸	✓	◎
消化酵素	✓	✓
益生菌／益菌生	◎	◎
海藻粉	✓	▲

✓ 需要補充
✕ 不需要補充（除非特定市售食糧並沒有包括任何營養補充）
◎ 適當補充有益健康
▲ 有需要可以補充

1 ｜鈣質補充品

貓咪對鈣的需求量比一般動物大，因牠們以肉食為主，而肉類含大量磷，所以需要大量的鈣來平衡，否則身體便會自動從骨骼中抽取所需的鈣質，長期下來會導致骨質脆弱，嚴重的甚至會癱瘓。不過大家不用擔心，因大部分優質的天然貓糧已包含足夠的鈣質，所以只需要配合消化酵素，貓咪便能充分吸收及運用其中的鈣質，不必額外補給（有特別需要的貓咪除外，詳情請參閱 Part4）。過量補充鈣質，反而會讓貓咪健康受損，導致骨刺、關節負荷過重、結晶石形成等等問題。

但若我們自製鮮食料理給貓咪吃，就一定要補給額外的鈣質，來平衡肉類中的磷，所以書中的每一個正餐料理食譜都包含了鈣質添加。然而，鈣質補充並不如大家所想像的那般簡單，因為不但要提供貓咪每日所需的鈣質，飲食中的鈣和磷還一定要合乎比例，身體才能充分的吸收及運用其中的鈣質。

對貓咪來說，食物中理想的鈣磷比例大約是 1.1：1～2：1。以下我會提供幾種能有效為貓咪補充鈣質的營養產品名稱。

還有一點要提醒大家，如果你家貓咪每星期吃生肉骨（如雞脖子）的次數超過 3 次，那麼就算牠吃自家製貓鮮食料理，鈣質補充品的分量也要減少。鈣吃得過多，最即時的症狀是會造成貓咪便秘，大家要多加留意喔！

○ 骨粉（Bonemeal）

顧名思義是用骨頭磨製而成，是所有肉食動物最天然的鈣質來源。它有正確的鈣磷比例，還能提供貓咪身體所需的多種微量礦物質（Trace minerals）。但基於市面上較難買到合乎人類食用級數的優質骨粉（次等或動物飼料級數的骨粉，很有可能含有重金屬或其他對動物身體有害的污染物，及潛在狂牛症的風險）大家大可選擇其他鈣質補充品。

○ 取自海藻或珊瑚的鈣質補充粉

市面上也不難找到由海藻或珊瑚萃取的鈣質補充品。這種補充品的好處是除了鈣質，它們也能提供容易從食物中流失的微量礦物質。大家可以參考 Animal Essentials（http://www.animalessentials.com） 的 Natural Seaweed Calcium，這是其中一個比較受歡迎的優質寵物海藻鈣質補充品，每茶匙就可以提供 1000 毫克的鈣質，以平衡大約 450 克的肉食。

○ 鈣片或鈣粉

市面上比較容易找到適合寵物服用的鈣片和鈣粉。其實購買人用的也可以，只要注意每個單位所含的鈣質分量（通常是以毫克 mg 計算）是否合適就可以。在選購這類鈣質補給品時，最好選擇只含鈣不含其他礦物質，如磷、鎂等的產品。舉凡像是葡萄糖酸鈣（Calcium gluconate）、鈣質乳酸鈣（Calcium lactate）都是貓咪最容易吸收的鈣質補給品種類。

◯ 自製蛋殼粉

這是最經濟環保又天然的鈣質補充法。蛋殼所提供的是天然的碳酸鈣（Calcium carbonate），每顆大雞蛋能做出大約 1 茶匙的蛋殼粉，能提供約 1800mg 的鈣質。吃不完的蛋殼粉還可以作為肥料，一物多用。

[**如何自製蛋殼粉？**]

用水將蛋殼洗淨、擦乾（建議一次用 10 個以上的蛋殼，比較省時），將蛋殼放進烤箱裡，以攝氏 149 度烤大約 10 分鐘，然後將蛋殼以磨豆機（用磨咖啡豆那種就可以）打成粉，記得粉末要細，才不會割傷貓咪的口腔。

---

2 ｜牛磺酸（Taurine） 有關於貓咪對牛磺酸的特別需要，已在 Part 1 中跟大家談論過。基於貓咪獨特的身體機能，牠們每天牛磺酸的消耗量非常大，需求量也相對高。現代市售貓糧大多已特地加入充裕的牛磺酸，所以若貓咪以市售貓糧為主食，就不需額外再補充牛磺酸；但若你親自下廚為貓咪烹煮美味料理，切記加入牛磺酸補充品！因研究指出，高達 80% 的牛磺酸會在高溫的煮食過程中流失。

之前也提醒過大家，有研究結果顯示，就算餵飼生食，如果肉食不是家禽類的話，還是要額外補充牛磺酸才安全。以一隻 5 kg 的成貓來計算，每日所需的牛磺酸約為 60 ～ 80 毫克。不過由於牛磺酸非常容易受溫度、食物處理或儲存過程影響而流失，加上它是非常安全的一種營養素，就算過多身體也能自行排出，所以建議以自製貓鮮食為主食的貓咪，每天補充大概 125 mg 的牛磺酸。

3 ｜貓用綜合維生素／礦物質補充品
（Multivitamins / minerals）

當我們自製貓鮮食料理時，或者愛貓體弱多病，又或正處於營養需求特別高的時期（如幼年生長、懷孕、哺乳及步入老年時），餵飼綜合維生素／礦物質，能確保貓咪每天都得到全面、充足的營養。因大部分市售商業貓食糧都已添加了足夠貓咪每天所需的維生素／礦物質，所以不用額外補充，過量補充反而對健康有害。但也有某些貓罐頭並沒有額外添加維生素或礦物質，如貓咪長期以這些缺乏營養的貓罐頭作主食，就需要額外補充綜合維生素／礦物質。所以記得要看清楚貓咪食糧的成分列表。

在選購寵物專用的綜合維生素／礦物質時，請盡量揀選由天然食物提煉而不是人造的。雖然天然與人造維生素／礦物質的效用大致相同，但天然的較易被吸收，也很少會因大量服食而導致服用者中毒。

自製貓鮮食的家長們要特別注意，市面上有不少多功能的寵物綜合維生素／礦物質補充品，當中可能已

> **貓咪每天都必須吃綜合維生素嗎?**
>
> · 若貓咪每天以優質的天然貓糧作主食,就不必每天吃綜合維生素。
> · 若是 Whole Food Blend,則每週吃數次也妨,因它能補充一般貓糧在處理過程中流失的維生素/礦物質。

包括了牛磺酸、消化酵素、維生素 B 群、益生菌甚至海藻粉等。如果已包括,就不用額外添加了。但就算這種綜合補充品已包括鈣質,所含的劑量通常都不夠用作平衡自製貓鮮食中來自鮮肉的磷質,所以還是要按比例額外添加鈣質補充品。

另外,由於自製貓鮮食料理經常缺乏維生素 D、鋅(Zinc)、銅(Copper)、膽素(Choline)和維生素 E 等,在選購綜合補充品時,最好確保補充品已包含以上元素。

在眾多寵物綜合補充品中,我最喜歡由多種營養豐富、完整天然食物經脫水後混合而成的 Whole Food Blend。一般 Whole Food Blend 已包含了動物性蛋白質及氨基酸、酵素、益生菌、纖維、抗氧化劑、脂肪酸及有益的維生素/礦物質。除了較易被身體吸收外，這類綜合維生素因不經高溫及化學處理，絕大部分的營養便得以保存。另外，因 Whole Food Blend 類綜合補充品的成分全是天然美味的鮮食，味道通常頗受貓咪歡迎，以下列出一些屬於 Whole Food Blend 的貓咪綜合維生素／礦物質補充品的品牌，供大家參考：The Flying Basset、Dr. Harvey's、Wholistic Pet Organics、Wysong、Nature's Logic、Halo、The Missing Link。

4 ｜維生素 B 群

維生素 B 群對保持身體的活力、腦部、神經系統、肌肉、肝臟、眼、毛髮及皮膚的健康都很重要。蛋黃、動物肝臟、酵母、花椰菜、海藻、苜蓿芽、魚類、貓薄荷等都含有豐富的維生素 B 群。貓咪本身腸道內的益菌也會自行製造這類維生素。但每當腸道出現健康問題，（如腹瀉或進行抗生素療程期間），因腸內無辜的益菌也會一併被消滅，這時，最好為貓咪補充維生素 B 群及益生菌（Probiotics）。此外，維生素 B 群對於正面對重大精神壓力、情緒低落、神經系統問題、胃口不佳的貓咪都有幫助。

由於維生素 B 群是水溶性，就算服食過量，也會被身體排出體外，不會積存。基於它們的高度安全性及貓咪對維生素 B 群的需求量甚高（比狗高出 6 ～ 8 倍），建議每隔幾天便為貓咪補充維生素 B 群。若貓咪每天都吃自製鮮食料理、年事已高或出現以上提及過的健康狀況，則每天也需要額外補充維生素 B 群。

之前在討論鮮食食材時也提過，營養酵母（Nutritional Yeast）及啤酒酵母（Brewer's Yeast）都是天然又方便使用的維生素 B 群來源，只要在貓咪的食物上灑上少許就可以。其中以營養酵母較佳（因啤酒酵母始終是製作啤酒時發酵過程的副產品），風味非常像起司，還可以當作天然的調味品（連我自己也很喜歡）。

5 ｜維生素 E

維生素 E 是脂溶性且非常有效的抗氧化劑（antioxidant）。雖然它跟其他抗氧化劑（如維生素 A、C、硒等）需一起合作對付破壞身體細胞的游離基，但維生素 E 卻稱得上是最前線的保鏢，因為它負責保護由磷脂體組成的細胞外膜。

維生素 E 的功效包括：提升免疫力、保持毛髮和皮膚的健康、延緩衰老、預防白內障、保持神經和肌肉的健康、防癌等等。所以，對年老及需要提升免疫力的寵物來說，維生素 E 是不可或缺的補充品。另外，若貓咪日常飲食中含大量不飽和脂肪酸，如菜油、鮪魚、鮭魚或魚油補充等，維生素 E 的需求量也會增加；若不提供額外的維生素 E，則貓咪可能會患上痛苦的「黃脂病」。

雖說維生素 E 的好處甚多，但由於它屬脂溶性（亦即是會被儲存於體內脂肪），過量服用也會有不良影響——影響正常凝血功能及阻礙其他脂溶性維生素的吸收。如作一般性的保健用途，建議一星期一次，餵貓咪吃400 IU的維生素E即可（服用方法：刺穿膠囊，把裡面的維生素E油擠出，然後混在貓咪的食物中）。

[**選購維生素 E 的小祕訣**]

1. 天然維生素 E 吸收力較好。
2. 天然維生素 E 為 D 型（e.g. D-alpha-tocopherol）；人造維生素 E 為 DL 型（e.g. DL-alpha-tocopherol）。
3. 最理想的維生素 E 補給品，除了是 D 型外，還需由多種 tocopherols（mixed tocopherols）組合而成，包括：D-alpha-tocopherol、D-beta-tocopherol、D-gamma-tocopherol、D-delta-tocopherol。

6 ｜必須性脂肪酸（Essential Fatty Acids）

貓比人類更能有效運用食物中的脂肪，因此牠們日常飲食中所需的脂肪比例也比較高。必需性脂肪酸可以分類為三類，分別是 Omega-3、Omega-6、Omega-9。其中對健康最有影響力的，可算是 Omega-3 及 Omega-6 脂肪酸。所以近年來都不時有研究嘗試找出怎樣的 Omega-3：Omega-6 的比例最有利貓狗健康，如飲食中的 Omega-3 脂肪酸較多，身體患炎症的機會就會減低；目前有一說指出，完美的 Omega-3：Omega-6 比例是 1：5，但尚未被證實，仍存有爭議。

若貓咪日常食物是以優質肉食為主，一般情況下都不需要額外補充 Omega-6 脂肪酸。但若適量的補充 Omega-3 脂肪酸，對一般貓咪的健康都有好處，因為 Omega-3 不但能護心，還能保持貓咪皮膚及毛髮健康亮澤、防治關節炎及其他炎症，提高整體免疫力。如貓咪罹患皮膚敏感、關節炎、心臟病、腎病或一般體弱及免疫力較差的問題，就更應補充 Omega-3 脂肪酸。接著介紹兩種常見的 Omega-3 補充品：亞麻籽油和深海魚油。

[**為貓咪補充 Omega-3 時，請留意！**]

1. 最好買膠囊裝，要用的時候才剪開或刺穿，擠出魚油。
2. 建議用餐前才混入貓咪的食物中。
3. 開始時給較少分量的油，慢慢再增至建議服用量，否則貓咪可能會因一時不適應而腹瀉。
4. 千萬千萬不要把油加熱，因高溫會使油變質。
5. 一經開封，請把油存放於密封、不透光的溶器，並放置在冰箱裡。
6. 請謹記，為貓咪補充任何脂肪酸（包括魚油）的同時，一定要為牠們補充適量的維生素 E（平均每隻成貓每星期 400 I.U. 的維生素 E 就足夠），以免脂肪酸受氧化，讓貓咪患上「黃脂病」。
7. 魚油有輕微薄血作用，如貓咪因患病需服用薄血藥，請跟獸醫討論是否需調整魚油服用量。
8. 建議服用量：一般成貓每天 500 ～ 1000mg（請再參考產品的服用建議）。

◯ 亞麻籽油（Flaxseed Oil）

來自亞麻籽，含 Omega-3 及 Omega-6 脂肪酸。所含的 Omega-3 是 ALA（alpha-linolenic acid），需要被轉化成 EPA（eicosapentaenoic acid）和 DHA（docosahexaenoic acid）才能被身體運用，但因貓咪屬完全肉食者，沒法將 ALA 轉化成 EPA 和 DHA，因此對貓咪來說，亞麻籽油的抗炎及其他保健效用非常有限，遠低於深海魚油。

◯ 深海魚油（Fish Oil）

如鮭魚油。注意是由魚類的皮下組織取出，並不是魚肝油，含豐富的 Omega-3 脂肪酸（也含 Omega-6 脂肪酸）。所含的 Omega-3 脂肪酸是貓咪直接能吸收及運用的 EPA 及 DHA，保健及抗炎效果顯著。購買時記得要認明是深海魚油，最好來自野生鮭魚，並經驗證沒有重金屬或其他污染物。（常見海產污染物有：PCB、水銀、抗生素及農藥殘餘等。）

7 ｜消化酵素（Digestive Enzymes）

大部分食物中的酵素都在貓糧的高溫處理、加工過程及一般煮食過程中被破壞。所以除非你家貓咪都吃生食，否則我們最好要為貓咪補充消化酵素，讓牠們更容易吸收、運用食物中的各種營養，同時也能幫助牠們消化及排出體內的毛髮，使牠們不必痛苦的吐毛球。在為貓咪補充酵素時，請留意以下幾點：

· 在選購寵物食用的消化酵素時，以植物性粉狀酵素為佳。來自植物的酵素，能在較大的酸鹼度及溫度範圍內發揮效用。

· 請選擇至少同時含有蛋白酵素（Protease）、澱粉酵素（Amylase）、解脂酵素（Lipase）和纖維酵素（Cellulase）的消化酵素補充品。

· 請於貓咪用餐前數分鐘，再將酵素混合於食物裡。這樣，酵素便有足夠的時間發揮其消化功效。

· 勿將已加入酵素的食物加熱，否則酵素會被破壞。

· 有些酵素補充品已同時包括益生菌（Probiotics）及益菌生（Prebiotics），就更能相輔相成，有助於消化及增強腸道健康。

8 ｜ 益生菌／益菌生
（Probiotics / Prebiotics）

其實每隻貓咪的腸道都居住了上億的益菌，能幫助消化腸道裡的食物，也能幫助保持腸道的生態平衡。益菌的數目越多，有害細菌就越難在腸道裡生存，所以腸道益菌的數目對保持貓咪的腸道健康有莫大的影響。但在某些藥物或醫療情況下，如手術、類固醇、抗生素（尤其長期的抗生素療程）、非類固醇類消炎藥（NSAIDs）和壓力等，都會令腸道益菌數目大減，讓惡菌有機可乘，損壞腸道健康。

為貓咪補充益生菌，除了能補充因以上原因而減少的益菌數量，也讓腸道因為增添益菌而更健康、消化能力更強，同時，益菌也有助製造更多維生素 K 和維生素 B 群，使得貓咪整體健康和免疫力都提升。所以我建議各位貓家長都要為貓咪補充益生菌，如貓咪有下痢、敏感症（尤其是腸胃敏感）、發炎性腸道疾病（IBD）或正在或曾經服用抗生素／類固醇／NSAIDs 等，就更加要補充益生菌。

雖然說許多市售優格都含有益生菌，但所含的益菌數量一般都不足以達到療效。給貓咪的建議服用量為每天 2 千萬至 5 億個益生菌。抗生素在殺掉貓咪體內惡菌的同時，也會消滅腸道的益菌，所以在療程期間及之後的 2 星期內，都要服用多 1 ～ 2 倍的益生菌；且要在服用抗生素的 2 小時後，再另外服用益生菌補充品，不然補充品內的益菌都會立刻被抗生素殺死。

現在有不少寵物用腸道保健品都包括了益生菌、益菌生和消化酵素。益菌生其實是一些來自蔬果，但無法被身體消化的膳食纖維。這些纖維為腸道的益菌提供了它們所需的食物。果寡糖（Fructodigosaccharides）就是益菌生的一種。所以，當補充品裡同時包括了益生菌、益菌生及消化酵素就能相輔相成，加強保持貓咪消化系統健康的效力。

9 ｜海藻粉（Kelp）

海藻含豐富礦物質及非常容易受溫度影響而流失的微量元素，無論對人類或是動物，都是非常難得的健康食品。自製貓鮮食料理需要補充海藻粉，主要是由於它的碘（Iodine）含量。有些自製貓鮮食食譜選擇不用海藻，而用含碘鹽來提供貓咪所需的碘，不過我個人喜歡盡量運用天然食材。其實海鮮類食材和海藻都有非常豐富的碘，如果你家貓咪每天都吃海鮮，可能已能攝取足夠的碘；不過我不建議貓咪經常吃海鮮，因為現在的海鮮類大多都已經受到了污染。

雖然碘是種微量礦物質（貓咪只需要非常微量就足夠），但由於它有助保護甲狀腺健康，所以對整體（包括脂肪）的代謝、肌肉正常運作、強化毛髮健康等都有影響。但要注意不過量服用，否則可能反而對甲狀腺功能造成破壞。如貓咪已被診斷為甲狀腺亢進，就有可能不適合額外補充海藻粉或任何含碘的補充品，請再向獸醫查詢。

購買海藻粉前，請先查看貓咪正服用的綜合維生素／礦物質補充品，是否已包括了海藻，如果已有包括的話，就不必再額外補充了。

貓咪需要補充膳食纖維嗎？

其實膳食纖維在貓咪的日常飲食中並不是必需的。在野外生活的貓咪，獵物的毛髮或羽毛已為牠們提供足夠的纖維。如果你家貓咪的飲食中，已不時包括小麥草或任何蔬菜，就算非常少量已足夠，不必額外補充纖維，因為作為肉食者的貓咪天生就不怎麼需要膳食纖維。過量的膳食纖維，反而會阻礙其他營養的吸收，尤其是蛋白質。

但不少現代都市貓咪都有便秘煩惱，膳食纖維在這方面就可能幫得上忙。天然的膳食纖維補充包括：洋車前子殼（Psyllium husks）、亞麻籽粉（Ground flax seeds）、鼠尾草籽粉／奇異籽粉（Ground chia seeds）、果膠（Pectin）等。讓貓咪服用這些纖維粉時，可以混進食物中，但千萬記得同時要增加額外的水分攝取，不然貓咪的腸道會更缺水，便秘的情況就會更嚴重。服用量亦要小心，不宜過多，大概 1/8 ～ 1/4 茶匙已足夠。

point
膳食纖維未必對每隻便秘貓咪都有效，便秘原因有許多種，例如飲食中水分不足，或貓咪因運動不足、疾病或年老體虛而腸道蠕動力減弱。

絕不可胡亂補給維生素 A ！

維生素 A 屬脂溶性抗氧化劑。雖說它是貓隻日常飲食中必需的維生素，亦對某些病（尤其是皮膚病及以上提及過用大量抗氧化劑能改善的疾病）有幫助，但由於其危險性比一般維生素高，所以一定不可胡亂補充。一般貓用綜合補充品已包括維生素 A，除非有特別情況，否則不應再單獨補充。過量補充維生素 A（特別是人造維生素 A），有可能導致肝臟受損，或讓貓媽媽生下不健全的小貓。患有肝病、糖尿病及懷孕的貓更應特別小心。

購買補給品須知

隨著都市人和寵物的健康都每況愈下，市面上各類保健食品及營養補充品就越受歡迎。無奈很多時候保健產品的品質參差不齊，監管又寬鬆，讓一般消費者無所適從，只有依賴生產商或店員所提供的資料。在此提出以下幾項購買須知，希望能在大家選購自己或寵物的營養補充品時，幫得上忙：

1 ｜千萬不要貪便宜，但貴的也未必好

我曾經在街上的藥房及雜貨店看到用紙箱載著，一罐罐「阿拉斯加深海魚油膠囊」，每罐 100 粒，只賣港幣 10 元。可是現在說的不是普通魚油，而是大老遠從阿拉斯加提煉運送過來的深海魚油，成本也理應超過 10 元吧！但另一方面，我們也不應用價格作為品質的保證，因為身為消費者，我們很難知道產品的價格高昂，是因為生產商採用非常優質的原料及進行反覆測試，還是把金錢用在精美的包裝及大型推廣。

2 ｜標籤資料詳盡及清楚

任何保健產品的效用，最決定性的因素還是它的成分。因此，負責任的生產商應清楚並詳盡列出其產品的所有成分及含量。另外，也應在產品的包裝上提供以下資料：

· 建議服用量及次數。
· 任何副作用或任何不適合服用此產品的使用者。
· 產品的服用期限及生產批號。
· 原產地及生產商的聯絡資料：地址、網站、電話等。

3 │ 盡量不要選購含有以下物質的營養補給品

- 任何無益／有害的添加物：如化學防腐劑、人造色素、額外的糖分添加等。

- 添加劑（Fillers）：尤其要避免不合乎食品級數的添加劑，如 Talc、Silicon 等。

- 礦物油（Mineral Oil）：很多化毛膏、營養膏都含有礦物油，長期食用可能導致貓咪體內多種重要的脂溶性維生素大量流失（如維生素 A、D、E）。

> **危險的苯甲酸類防腐劑！**
>
> 雖然各類化學防腐劑都對身體有害，但貓咪對苯甲酸及其化合物（如 Benzoic Acid、Benzoate of Soda、Sodium Benzoate 等）的毒性特別敏感，而這類防腐劑在寵物營養補充品或零食內都很常見，請大家務必留意。

4 │ 盡量選購取材自天然食物的營養補充品

市面上許多人類及寵物營養補充品，都含人造維生素或礦物質。相比取自天然食物的維生素／礦物質，這些非天然的往往較經濟，穩定性又較強。雖然人造和天然的維生素／礦物質效用幾乎完全相同，但我們及小動物的身體卻能奇妙的識別兩者，因而出現不同的反應。總括來說，天然的比起人造的維生素／礦物質更易被身體吸收，又很少會引起不良的副作用或反應，吸收度的差距可高達 3 倍！而動物就算服用大量來自天然食物的維生素 K（即 K1）都很少會出現任何不良反應；但若服用大量的人造維生素 K（即 K3、K4 及其化合物）則有可能導致貧血、黃膽病、肝腎受損等。

5 ｜品質保證

　　來自北美的寵物營養補充品，最好有國家動物補給品協會（National Animal Supplement Council）頒發的品質保證標記（Quality Seal）。大家若想查明產品生產商是否為 NASC 的會員，可到其官方網站 http://www.nasc.cc 查詢。

6 ｜留意包裝及存放方法

　　由於多數維生素都會因光線照射或高溫而流失，所以我們應選擇不透光包裝的補充品。另外，也要特別留意商店如何擺放其售賣的補給品，它們應被陳列在陰涼、不受陽光直接照射的地方。

自製貓鮮食料理祕技

許多貓家長都以為動手自製貓鮮食的過程困難，每天都要花許多時間才能做到。其實只要事先預備所有需要的工具、食材、計劃好步驟，經過幾次的練習就能熟悉，上手之後便不會覺得困難。其實自製貓鮮食料理不比自製普通家庭料理困難，起碼貓咪不會嫌棄料理的賣相，調味方面也比人類餐點簡單得多。

貓鮮食基本烹調工具

01. 一套不鏽鋼量匙（Measuring spoons）。

02. 量杯：最好用厚身的玻璃量杯。

03. 廚房用電子磅秤。

04. 2~3 個比較大的不鏽鋼／玻璃碗：攪拌材料時使用。

05. 廚房用大剪刀：剪肉類、去皮或比較小的肉骨。

06. 廚房用小剪刀：剪開各種補充品的包裝、膠囊等。

07. 食物處理器（Food processor）／絞碎器：以絞碎各類肉類、蔬菜類。

08. 多個可放進冷凍櫃的玻璃／不鏽鋼食物盒。

09. 葡萄柚籽精華（Grapefruit Seed Extract）＋ 噴壺：製作消毒劑。

10. 小炒鍋。

11. 小燉鍋。

12. 小烤箱。

13. 家用大型絞肉器：家裡有多隻貓咪或方便自製貓生食。

14. 磨豆器：如自製蛋殼粉時使用。

貓鮮食料理烹調／保存心得

1 ｜食物衛生安全要做足

烹調貓鮮食跟烹調人類鮮食一樣，食物安全及衛生都要做足，在處理生肉時要特別小心，這樣才能保障貓咪及其他家人的健康。例如處理過生肉的所有工具都要立刻用熱水及洗碗劑洗乾淨，雙手接觸過生肉也要徹底用熱水及肥皂洗乾淨。可以 1 滴葡萄柚籽精華加 30ml 清水的比例，混合後裝在噴壺內，當作消毒劑使用，清潔處理過生肉的檯面。另外，任何有肉食的食物皆不可放在室溫超過 4 小時。其他食物安全要注意的事項，請參考衛生局的建議。

2 ｜盡量避免營養流失

不論烹調肉類或蔬菜，只要剛熟就好；烹調過久會導致更多營養流失。另外，如烹調中食材產生汁液，請盡量保留給貓咪跟料理一同食用（除非汁液裡有過多油分，而貓咪又有過胖問題或胰臟問題）。因為許多營養可能在烹調過程中流失到汁液中，且保留汁液也能增加貓咪從食物中攝取更多水分。

3 ｜料理中的食材大小

如果你家貓咪比較挑食，我建議將所有食材，包括肉類、蔬菜連同汁液一起用絞碎器打碎，那貓咪就無法挑出牠不愛吃的食材了。但如果你想讓貓咪的牙齒和口腔肌肉有機會運動，就可以不必將肉類絞碎，改切成大概 1cm 的小丁塊就可以；但蔬菜類還是打碎比較容易消化。

4 ｜每次烹調至少 1 星期的分量

　　如果每天都要烹調貓鮮食，恐怕大多數上班族都沒時間吧？其實我鼓勵大家一次製作至少 1 ～ 2 星期分量的貓鮮食料理，只要將每天的分量放在獨立的密封玻璃／不鏽鋼食物盒裡，將近兩天會用到的放在冰箱的冷藏區，而其餘的就放進冷凍庫裡，在貓咪食用前 24 小時左右，再放入冷藏解凍即可。比如說你可以利用書裡面的 3 款料理食譜，每款一次製作 4 天的分量，那麼就完成了貓咪未來 12 天的餐點了，而且還有 3 種口味可以輪流轉換呢！

5 ｜加熱料理要注意

　　給貓咪吃的料理，最適合的溫度是接近體溫的微暖溫度，所以剛從冰箱拿出的料理不可以冷冰冰的直接給貓咪吃，很有可能冷壞牠的肚子啊！用微波爐加熱請注意，避免食物溫度不平均而燙到貓咪；因此，還是用比較天然的方法（加熱水或用蒸氣）加熱貓食料理比較好。

6 ｜簡化營養補充品的運用

　　建議將所有貓用補充品放在同一個盤子裡，每次要用的時候就不會漏掉。另外，雖然說盡量要親自製作貓鮮食料理，但總有些時候家長會不在家，需要他人幫忙餵食。為了避免幫忙的人因不熟悉而漏加或調亂了所需的補充品，建議你可以事先為每種補充品訂定代號，直接貼在補充品的瓶子上。比如說，鈣粉可以貼上「1 號」，魚油貼「2 號」；那麼你可以給幫手指示：「1 號半茶匙，2 號一粒……」。

另外很重要的一點，只有鈣粉可經冷凍或加熱，其他營養補充品對溫度比較敏感（如牛磺酸、消化酵素、維生素 B 群等都是不耐熱的補充品），所以都要待料理加熱完成後，溫度不燙，接近體溫時才加進食物中。

動手做，健康貓鮮食

大家學習過如何運用適當的新鮮食材和營養補充品，很快就可以開始動手做貓鮮食料理了。但這之前，讓我們先再坐下來，學學怎樣計算出個別貓咪每天所需的熱量，及其他最基本的營養素。

如何推算貓咪一日所需熱量

如果非常簡單粗略的計算，一隻貓咪每日所需的熱量為每 kg 體重需要 45 ～ 80kcal。即是說如果你家的貓咪非常靜態，大部分時間都在睡覺，體重為 5kg，粗略計算，牠每天所需的熱量大約是 225kcal（45 kcal × 5kg）。但如果你的鄰居也有隻 5 kg 重的貓咪，但卻非常活躍，整天蹦蹦跳跳，又經常跑到庭園去玩，那他的貓咪每天所需的熱量就大概是 400kcal（80 kcal × 5kg）。所以貓咪的活躍程度對一日所需的熱量有很大的影響。

一般來說，居住在室內，中度活躍的成年貓咪，我會用每 kg 體重 × 60 kcal，以中位數來推算牠們的熱量需求。如果你希望準確性高一點，可以用以下方法去計算貓咪所需的熱量，（但若你家的貓咪有肥胖問題，請翻至 P.220 去了解怎樣計算牠所需的熱量）。

STEP 1

首先以貓咪體重（kg）算出「休息狀態所需熱量」RER

RER =（30 × 體重）+ 70

STEP 2

以 RER 乘以 0.8～1.8（請根據以下 DER 因素表選出適當數字），作為貓咪每天所需熱量，即 DER。

DER = RER×0.8 ～ RER×1.8

DER 因素表：

· 已結紮成貓＝1.2～1.4 × RER
· 未結紮成貓＝1.4～1.6 × RER
· 不活躍／容易肥胖＝1.0 × RER（以理想體重計算）
· 肥胖成貓＝0.8 × RER（以理想體重計算）
· 過瘦成貓＝1.2～1.8 × RER（以理想體重計算）
· 中年成貓（7～11 歲）＝1.1～1.4 × RER
· 熟齡成貓（超過 11 歲）＝1.1～1.6 × RER

讓我們練習一下，假若貓咪 Molly 是已結紮母貓，年齡 5 歲，一般活躍，體重是 4.5kg：

STEP 1

休息狀態所需熱量

RER =（30 × 4.5）+ 70 = 205 kcal / day

STEP 2

貓咪每天所需熱量

DER = 205 × 1.2 ～ 205 × 1.4
= 246 ～ 287 kcal / day

計算好後，就可以依照這指標去推斷貓咪每天的食量。當然，每隻貓咪的身體狀況、新陳代謝率也不相同，計算出來的攝取量只供參考，之後可能還需要因應實際效果作出調整。其他因素，如幼貓的生長期、成貓的懷孕期、授乳期、寒冷天氣、運動量增加等，都會增加貓咪所需的熱量；相反，某些年長貓咪（不是每隻貓咪）或活躍度非常低的懶惰貓咪的熱量需求都比正常低。

主要營養成分理想比例

供應貓咪每日所需熱量的主要成分有：蛋白質、脂肪和碳水化合物。在貓咪日常的飲食中，究竟這 3 種營養成分比例如何拿捏才理想？首先讓我們重溫一下貓咪理想的飲食：

一般健康成年貓咪的理想飲食

· 至少有一半是動物性蛋白質：不少於 45% *
· 中度適量的脂肪：約 25 ～ 45 % *
· 非常少量碳水化合物：不多於 10% *
· 非常少量的膳食纖維：不多於 2% *
· 足夠的含水量：不少於 63%
* 以乾物質（Dry Matter）計算

以上的理想飲食建議比例都是以乾物質（Dry Matter）計算，但如果以貓咪每天所需的熱量比例計算，怎樣才接近理想呢？Waltham Center for Pet Nutrition 在 2005 年刊登了一個有關家貓營養及口味的研究報告。研究人員發現，如果給貓隻自由選擇他們所提供的 6 款貓飼料（乾飼料和貓罐頭各 3 款），無論怎樣組合飼料，貓咪平均還是選擇每天約 52 % 熱量來自蛋白質、36% 熱量來自脂肪，其餘的 12% 熱量來自碳水化合物。

無獨有偶，英國營養學期刊也在 2011 年刊登了一項有關野生貓咪食物選擇的研究。報告中指出，全靠自己捕獵覓食的野生貓咪，平均每日的熱量來源，有大概 52% 來自蛋白質，46% 來自脂肪，但僅 2% 來自碳水化合物。有看過這兩項研究報告的專家認為，2005 年的研究報告中，貓咪之所以選擇有 12% 能量來自碳水化合物，不如野貓們選擇僅有 2% 能量來自碳水化合物，是因為供牠們選擇的 6 款貓飼料的碳水化合物含量不如自然獵物那麼低。

但以上研究不約而同指出，若貓咪可以自由選擇，牠們天生還是會選一半以上的熱量由蛋白質供應，中度分量由脂肪供應，只有非常少量由碳水化合物供應。

因此，以每天的熱量比例計算，我建議大家參考以下貓咪主要營養成分理想比例：45 ～ 60% kcal 來自蛋白質；30 ～ 50% kcal 來自脂肪；少於 10% kcal 來自碳水化合物。

範例計算練習

讓我們再練習一下，家貓 Molly 是已結紮母貓，年齡 5 歲，一般活躍，體重是 4.5 kg，之前已計算過 Molly 每天所需熱量 DER 為 246 ～ 287 kcal / day。

在算出 Molly 每天應該攝取多少的蛋白質、脂肪及碳水化合物之前，我們要先了解這 3 種主要營養成分所提供的代謝能量 ME（即經過消化後所能提供的能量）：

3 種主要營養成分所提供的代謝能量 ME

· **每公克蛋白質**：3.5 kcal 代謝能量
· **每公克脂肪**：8.5 kcal 代謝能量
· **每公克碳水化合物**：3.5 kcal 代謝能量

計算 Molly 每天理想蛋白質攝取量

STEP 1

依據 Molly 的 DER 及理想蛋白質熱量比例為 45 ～ 60%，Molly 每天來自蛋白質的熱量，最理想為：

(246 × 0.45) ～ (287 × 0.6)

= 111 kcal / day ～ 172 kcal / day

STEP 2

接著，計算 Molly 每天理想蛋白質攝取量：

(111 ÷ 3.5) ～ (172 ÷ 3.5)

= 32 ～ 49 g / day

計算 Molly 每天理想脂肪攝取量

STEP 1

依據 Molly 的 DER 及理想脂肪熱量比例為 30 ～ 50%，Molly 每天來自脂肪的熱量，最理想為：

(246 × 0.3) ～ (287 × 0.5)

= 74 kcal / day ～ 144 kcal / day

STEP 2

接著，計算 Molly 每天理想脂肪攝取量：

(74 ÷ 8.5) ～ (144 ÷ 8.5)

= 9 ～ 17g / day

計算 Molly 每天理想碳水化合物攝取量

STEP 1

依據 Molly 的 DER 及理想碳水化合物熱量比例為不超過 10%，Molly 每天來自碳水化合物的熱量，最理想為不超過：

(246 × 0.1) ～ (287 × 0.1)
= 25 kcal / day ～ 29 kcal / day

STEP 2

接著，計算 Molly 每天理想碳水化合物攝取量：

(25 ÷ 3.5) ～ (29 ÷ 3.5)
= 不超過 7 ～ 8g / day

計算 Molly 每天理想水分攝取量

另外，不要忘記貓咪每天也需要充足的水分啊！之前在 Part 1 跟大家解釋過貓咪每天的水分需求和牠的熱量需求量 DER 相當，所以：

Molly 每天水分需求 =
246 ～ 287ml / day

大家可以根據 Molly 的範例去計算一下家裡貓咪的 DER，以及貓咪每天 3 大主要營養成分的理想攝取量。但千萬要記得以上數字只適合作為指標，而貓咪也未必每餐都必定要符合這些理想數字，只要不要偏離理想需求太遠就可以了。我從來都不主張大家過分沈迷於這些數字，反而食材的質量、貓咪食用後的實際健康狀況更為重要。

本書提供的貓鮮食食譜之特色

以下是我為 Molly（體重 4.5 kg 已結紮的 5 歲母貓）設計的 4 款以不同肉類為主的貓鮮食料理食譜。大家的貓咪如果體型相當，也可以參考這些食譜，而這些貓鮮食料理有以下特色：

1 ｜這些食譜是為一般健康成貓而設計，如貓咪有特殊健康問題，這些食譜未必適合牠。有患病的貓咪最好找專業人士，量身訂做合乎其健康狀況的鮮食食譜。

2 ｜這些食譜已特別經過電腦營養分析，能達到 2006 年美國國家研究委員會（NRC）的貓犬營養需求指標（但必須添加食譜裡建議餵食的營養補充品）。另外，如家長擅自調整食譜中的食材或分量，食譜裡附的營養分析就不能作為標準。

3 ｜這 4 個食譜已特地預留點熱量給零食。如家長可以配合食譜，每天給貓咪吃少量的高蛋白質、中低量脂肪、低碳水化合物的零食（如當天的食譜沒包括內臟，大可以選擇冷凍脫水內臟作零食），各主要營養就能達到貓咪理想的攝取量。

4｜如打算長期依這些食譜為貓咪製作主食，必須每星期輪流使用至少其中 3 款不同肉類為主的食譜，才能保持貓咪多樣化的營養吸收，不至於營養失衡。

5｜4 款食譜中，唯獨「海鮮咖哩」不需要額外補充牛磺酸，因為海鮮本身已含大量的牛磺酸。

6｜除了「鴨肉冬瓜薏仁湯」外，其他食譜中所標示的水分含量，包括各種食材含水量的總數，並未包含在烹調過程所加進的水分。所以如果你想要貓咪攝取多點水分，只要在烹調時加點清水，讓完成品除了固體還有點汁液就可以了。不用加太大量清水，否則食物的營養都會被過分稀釋，貓咪吃不完，也未能攝取到充足的營養。

7｜一般成年貓咪每餐的食量大約為 1～2 湯匙。每款食譜是一日份，可以先試試看平均分成 2～3 餐給貓咪享用，觀察一下牠每餐吃下的分量再作調整。

接著下來，就讓我們一起動手做美味又健康的貓鮮食料理吧！

三色牛肉（一日份）

牛肉含豐富鐵質，有助於造血，加
上營養滿分的雞蛋，是為活潑的貓
咪補充活力的美味餐點。

材料

瘦牛肉 80g
雞蛋 1 顆
胡蘿蔔 3g
青花菜（只要花的部分） 3g
橄欖油 少許
新鮮羅勒（basil）／巴西利（parsley） 少許

營養補充品

鈣 250mg
牛磺酸 125mg
海藻粉 1/8 茶匙 *
貓咪專用綜合營養品 適量 **

* 若正在使用的貓咪綜合營養品已含有海藻粉，就不必額外補充。
** 請細閱貓咪綜合營養品的建議服用量，按照指示給貓咪一天所需的分量。

作法

1　牛肉沖洗乾淨、擦乾，然後切成小塊備用。
　　雞蛋打散成蛋汁備用。
2　胡蘿蔔洗乾淨、擦乾，然後切小塊或磨成泥狀。
3　青花菜只要花的部分，切碎後沖洗一下，然後倒去多餘水分。
4　新鮮羅勒／巴西利切碎備用。
5　開小火，冷鍋下一點橄欖油，待油稍溫就下牛肉塊炒至約 4 分熟。
6　倒入蛋汁和其餘材料，繼續用小火邊煮邊拌勻；如果看起來太乾或有點黏鍋，可以加點水。
7　炒至蛋汁半凝固就可以關火，貓咪通常比較喜歡滑嫩半熟的蛋和半熟的牛肉。
8　待料理的溫度降至微溫，再加進以上所需的營養品拌勻。

Point

1　如改用乾燥香草，分量減半就可。
2　若貓咪偏瘦，可以選用多點脂肪的牛肉。

營養分析（Dry Matter Basis）

卡路里：254kcal
蛋白質：51.7%
脂肪：41.3%
澱粉質：2.0%
膳食纖維：0.4%

灰質（Ash）：2.9%
鈣質：0.75%
磷質：0.59%
鈣磷比例：1.3：1
水分含量：100ml

滑蛋雞肉（一日份）

此食譜使用單一蛋白質（同樣來自雞），雞肉又特別受貓咪歡迎，所以非常適合腸胃比較敏感的貓咪享用。小提醒：有些貓咪不肯吃雞肉塊，但卻偏愛手撕雞絲喔！

材料

雞腿肉（不連皮）100g
雞蛋 1 顆
脫水有機雞肝 2g
低鹽／無鹽牛油 1/2 湯匙
（可留部分雞皮替代）少許
乾燥巴西利（parsley）

營養補充品

鈣 250mg
牛磺酸 125mg
海藻粉 1/8 茶匙 *
貓咪專用綜合營養品 適量 **

* 若正在使用的貓咪綜合營養品已
含有海藻粉，就不必額外補充。
** 請細閱貓咪綜合營養品的建議服
用量，按照指示給貓咪一天所需的
分量。

作法

1　將去皮的雞腿肉沖洗乾淨、擦乾，然後切成小塊備用。
　　雞蛋打散成蛋汁備用。
2　將牛油塗勻熱鍋底部，再放進雞腿肉快炒至大約8分熟。
3　轉小火後倒入蛋汁繼續快炒；如看來太乾或有點黏鍋，
　　可以加點水。
4　炒至蛋汁半熟就可以關火，貓咪通常比較喜歡滑嫩半
　　熟的蛋。
5　待料理的溫度降至微溫，再加進以上所需的營養品拌勻。
6　最後加上一點巴西利和稍微壓碎的脫水雞肝就完成。

Point

1　如改用新鮮雞肝就要 10g（因為新鮮雞肝水分高，也
　　因此會比較重），並要與雞肉一起下鍋。
2　若想料理的口感加倍滑溜，可以在給貓咪享用時，加
　　進 1 茶匙的原味優格。

營養分析（Dry Matter Basis）

卡路里：249kcal	灰質（Ash）：3.2%
蛋白質：63.5%	鈣質：0.69%
脂肪：32.9%	磷質：0.66%
澱粉質：1.0%	鈣磷比例：1.1：1
膳食纖維：0%	水分含量：121ml

這道料理實在太吸引人，家長可以預備多點材料，除
了弄給心愛的貓咪享用，自己和家人也可以一起吃；
在咖哩快煮好時，先拿起要給貓咪的分量，然後自己
吃的那些，可以加點鹽巴，用新鮮生菜包著吃！

椰香海鮮咖哩佐
香草優格醬 （一日份）

材料

椰香海鮮咖哩

冷凍什錦海鮮 110g
義大利黃瓜／青瓜（summer squash / zucchini / cucumber） 5 ～ 10g
有機冷榨椰子油 1 湯匙
薑黃粉 1/8 茶匙

香草優格醬

原味優格 1 湯匙
新鮮蒔蘿（Dill）1 小條，約 5cm 長
新鮮茴香（Fennel）1 小片，約 5cm 長

作法

1 將已解凍的冷凍海鮮洗乾淨擦乾，然後切成小塊備用。黃瓜／青瓜洗淨後連皮切成小塊狀備用。
2 熱鍋下椰子油，再放進海鮮快炒至大約 8 分熟。
3 加進黃瓜／青瓜塊和薑黃粉繼續快炒；如看來太乾或有點黏鍋，可以加點水再稍微炒均勻就完成。
4 待料理的溫度降至微溫，再加進以上所需的營養品拌勻。
5 在等料理降溫時，可以同時預備優格醬料。
6 蒔蘿及茴香沖洗一下、擦乾；切成小段後和原味優格一起倒進攪拌器裡打成醬料。
7 給貓咪享用前酌量加進香草優格醬調勻即可。

營養補充品

鈣 250mg
貓咪專用綜合營養品 適量 *

* 請細閱貓咪綜合營養品的建議服用量，按照指示給貓咪一天所需的分量。

Point

1 咖哩如改用新鮮海鮮，建議用 70g 魚塊＋ 20g 鮮蝦＋ 20g 貝殼類海鮮。
2 不少貓咪進食海鮮後會出現皮膚或腸胃敏感的症狀；以中醫的說法，海鮮類比較多濕毒，而薑黃有祛濕的功效，在這道料理中起了平衡作用，也有助預防癌症。

營養分析（Dry Matter Basis）

卡路里：251kcal
蛋白質：52.0%
脂肪：34.9%
澱粉質：7.3%
膳食纖維：0.8%
灰質 （Ash）：4.6%
鈣質：0.75%
磷質：0.61%
鈣磷比例：1.2：1
水分含量：125ml

鴨肉冬瓜薏仁湯（一日份）

此湯健脾消暑，清熱利水，特別適合春夏暑濕
的時候服用；尤其適合小便不順或便秘的貓咪。
而體質太虛弱／寒涼的貓咪則不宜經常服用。

材料

鴨胸肉（不連皮） 130g
冬瓜（連皮去籽） 40g
薏仁 4g，約 1 茶匙
薑 2 片
芝麻油 1 茶匙
水 500ml

營養補充品

鈣 250mg
牛磺酸 125mg
海藻粉 1/8 茶匙 *
貓咪專用綜合營養品 適量 **

* 若正在使用的貓咪綜合營養品已含有
海藻粉，就不必額外補充。
** 請細閱貓咪綜合營養品的建議服用
量，按照指示給貓咪一天所需的分量。

作法

1　薏仁沖洗一下，浸泡 1～數小時，備用。
2　清水煮沸後放進薑片、鴨胸肉、冬瓜及薏仁。
　　大火煮 5～10 分鐘，轉中火煮 20 分鐘；煮至水分蒸
　　發掉一半就可以關火。
3　關火後加進芝麻油。
4　將湯料切成小塊，連湯一起放進攪拌器打成泥狀。記
　　得要連湯給貓咪吃。
5　最後加進營養補充品拌勻就完成。

Point

1　冬瓜記得要連皮煮，否則功效會大大降低。
2　如貓咪體質寒涼，可以用炒過的薏仁替代普通生薏仁，
　　也可多加點薑片
3　有些貓咪可能不喜歡鴨肉的氣味，可以在湯快要煮好
　　時加數滴檸檬或柳丁汁。
4　可以將一半煮好的湯料切成小塊，其餘的連湯一併倒
　　進攪拌器裡打成泥；這樣貓咪既可以吃下大部分湯，
　　又可以享有咀嚼的樂趣。

營養分析（Dry Matter Basis）

卡路里：239kcal
蛋白質：52.7%
脂肪：26.5%
澱粉質：12.9%
膳食纖維：1.4%

灰質（Ash）：3.8%
鈣質：0.64%
磷質：0.61%
鈣磷比例：1.1：1
水分含量：373ml

PART

4

建立良好飲食習慣 &
轉糧祕笈

從小培養飲食好習慣

有句俗諺叫做「三歲定八十」，其實貓咪也是「一歲定二十」。為何這樣說？當貓咪步入一歲（大約相等於人類 18 歲），牠的所有習慣、性格、喜惡已大致成型。因貓咪是習慣性動物，不喜歡改變，所以一旦定型，習慣便很難改掉；但也不是不可能，只是需要多番嘗試及更多耐性。其中，飲食習慣特別棘手，千萬別像許多向我求助的客人一樣，待貓咪患上重病後才開始嘗試為牠們改善飲食，像這樣的個案 90% 都不會成功，因為生病的貓咪更不容易接受新事物。

若你的貓咪還未滿 1 歲，恭喜你！請把握這段黃金時期，讓牠培養良好的飲食習慣，令牠一生受惠。若你的貓咪已過了 1 歲，也請不要氣餒，盡量鼓勵牠接受以下良好的飲食習慣，重新踏上健康之路。

 定時進食，健康增值

除了病貓、幼貓和正在授乳的貓媽媽，所有成貓都應定時進食，平均早晚各一餐。千萬千萬不要「放長糧」（即長時間擺放貓糧，任由貓咪自由進食）！

放長糧是貓咪各種飲食壞習慣的禍根，這種壞習慣會導致過胖症，相反的也可能造成貓咪胃口不振，異常挑嘴。因經常進食，貓咪的身體專注於消化食物，而忽略了其他身體機能；消化系統也會因為沒時間休息而變得脆弱。不止如此，貓咪的代謝率亦會減慢，使整體健康受到影響，加速身體機能的老化。

為何「放長糧」對貓咪的健康有那麼深遠的影響？因為它違反了大自然的定律。想想，若在野外，會經常有數隻老鼠徘徊在貓咪的鼻子下，讓貓咪隨時把牠們吃掉嗎？不太可能吧！相反，大自然中貓隻每天外出捕獵，可能有 2 ～ 3 次收穫，在飽餐一頓後，通常會充分休息和稍作玩樂，直到肚子餓時才外出覓食。

所以，要盡量配合貓咪本身的飲食定律：成貓每日兩至三餐。最好可以平均分配在早、晚，或早、午、晚各一餐。但若因為外出工作而不可行，可以分配為早上上班前一餐及回家後一餐；或者早上一餐，傍晚回家一餐，然後臨睡前再餵一餐（這樣貓咪晚上也會睡得較安穩，不會天未亮就吵著要你起來）。

另外，貓咪若沒有過重問題，食量不必特別管制，貓咪想吃多少便給多少，牠們通常會因應身體需要、氣候、活動量等作出調整。我們應該控制的是貓咪進食的時間——擺放出食物，待貓咪進餐 20 分鐘後，便把食物盤收起、丟掉所有剩餘的食物，並立刻將食物盤清洗乾淨。這樣做，除了可避免食物因久放在室溫中而變質，亦可讓貓咪明白若不在這 20 分鐘內進食，便要等到下次用餐時間才有機會進食了。當牠明白這道理後，每次用餐時間一到，便會特別珍惜和雀躍。

POINT 2 食物多元化，不做挑嘴喵

許多貓家長會說：「我家貓咪除了某某牌子、特定口味的貓糧外，其他食物一概不吃。」乍聽之下，可能會覺得貓咪很有個性，堅守自己的口味。但筆者在此告訴你一個殘酷的事實──貓咪是習慣性動物，若日復一日的吃同一種食物，便會嚴重上癮，不能自拔。若想為一隻上了癮的貓咪轉糧，確實很棘手，少了意志力或耐力都會失敗，畢竟對挑嘴貓而言，除了牠習慣吃的糧食之外，其他東西都不是食物！

為避免以上情況出現，我們最好從小（貓咪一歲前）就訓練成牠為美食家，讓牠嘗試各種對牠有益的健康食物。換言之，你希望貓咪日後接受什麼食物，就應該讓牠從小就品嚐這些食物。

POINT 3 特別零食，只留在特別時刻

之前在 Part 2 跟大家提過如何為貓咪選擇合適的零食，但零食終究是零食，每日的分量不宜超過貓咪每日總食量的 10 ～ 15％，若當天給貓咪的零食分量稍多，正餐的分量便應酌量減少。

另外，有些貓咪特別喜愛的零食（如鮪魚），我們應留在特別的情況下，作為獎勵用，如貓咪生日、生病需服藥、轉換糧食或接受特別訓練時。若貓咪平常

能輕易得到這些零食，到必要時，它們便發揮不了「秘密武器」的功效──例如到了貓咪生病卻不肯服藥時，你就會束手無策了！

成功轉糧的祕訣

為貓咪轉糧時，最重要卻常常被忽略的訣竅就是：懷著滿滿的愛心和信心，去給貓咪試吃新的糧食。我相信動物都具有很強的第六感，不論是你的情緒，甚至是思想，牠們都能感應到。所以當你抱著戰戰兢兢的心情端上新的食物給貓咪，牠可能會不願意試吃新糧，並疑惑的望著你。這時，牠的心裡可能正想著：「你對這東西感到不安嗎？真的可以吃嗎？我還是不要吃它吧……可是，為什麼你又把它放在我面前呢？奇怪……」

其實生長在自然環境裡的小貓，都是在貓媽媽的教導下，學會分辨哪些是安全的食物。而既然你已是貓咪的養父或養母，就應該肩負這個重任——告訴貓咪面前的新食糧是你所認可的，是你為了愛牠及讓牠健康快樂而選擇的。

當然，和人類一樣，每隻小貓都有自己獨特的個性。有些貓咪就算沒有主人的額外鼓勵，牠們也會興高采烈的吃下所有的新食糧。但有些貓咪，無論主人怎麼利誘威逼，牠們也不會對新糧有半點興趣。如果你的貓咪屬於後者，請先別灰心，只要你存著愛心、信心、正向能量和耐性，並參照以下的建議去鼓勵貓咪嘗試新糧，就算貓咪是個固執鬼，也一定會被你感動。

POINT 1 **定時用餐**

又回到千萬不要「放長糧」的道理，說了不知道多少遍但我還是要再說，直到你幫貓咪改掉這個壞透了的惡習為止。不少網友向我表示，什麼辦法都試過，就是無法讓貓咪吃新的糧食。這些家長通常都有個共同點，就是嘗試為貓咪轉糧的同時還在「放長糧」，讓貓咪隨時自由進食舊糧。試想，貓咪在毫無饑餓感的情況下，怎麼會有嘗試新食物的動力呢？除非是非常嘴饞的貓咪吧，如果是的話，轉糧對牠而言就不會是個問題。

所以，讓固執的貓咪轉吃新糧的第一步，就是要定時用餐，絕對不放長糧！

POINT 2 **慢慢來**

貓咪轉換糧食，一定不可操之過急，否則不但為難了貓咪，也為難了你自己（或為難了幫貓咪清理大小便的人）。

循序漸進的轉糧不僅能給貓咪充裕的時間適應新口味，更重要的是，貓咪的腸胃也需要一段時間才能適應新的食糧。如果轉糧轉得太突然，貓咪可能會出現暫時性腹瀉、胃口大減，或排放出異常大量的「臭味氣體」！而引起腸胃不適的主要原因，是因為長居在貓咪消化系統中的益菌群短時間內還未能適應新糧，以致腸道中的食物未能完全被消化。

　　每隻貓咪對新食物的敏感程度也不一樣。一般來說，貓咪轉糧所需的適應期大約是 7 ～ 14 天左右，但也有不少頑固的貓咪需要數個月，甚至一整年，才能接受新糧。以下提供為期 12 天的轉糧時間表給大家參考，你也可依照個別貓咪的適應力酌量調整進度。

貓咪轉糧時間表

	新糧比例	舊糧比例
第 1 ～ 2 日	10%	90%
第 3 ～ 4 日	25%	75%
第 5 ～ 7 日	50%	50%
第 8 ～ 10 日	75%	25%
第 11 日	90%	10%
第 12 日	100%	0%

　　如果你已用盡了所有耐性及花言巧語去鼓勵貓咪，但牠還是對新糧無動於衷，牠有可能對吃習慣的舊糧上了癮。若你的貓咪一向習慣吃味精、糖、鹽或人造調味料含量高的商業貓糧，這種「貓糧癮」發生的可能性會較高。這就像要一個每天都吃泡麵或炸雞排的人改吃蒸魚青菜，縱使這些菜式都是健康有益，他也會覺得淡而無味，甚至胃口大減；因為他的味蕾已習慣了味道非常濃烈的精製加工食物，所以難在短時間內嚐出新鮮食物的箇中美味。

當你的貓咪有類似的情況出現，為了牠的健康著想，你或許需要採取下述積極且徹底的方法——讓貓咪斷食。

[**可吸引貓咪的輔助食品加料**]

· 壓碎的舊糧（如舊糧是乾糧）
· 少許熟雞肝（或壓碎的脫水雞肝）
· 小條水浸罐頭沙丁魚（約一吋長，可先用水沖走多餘的鹽分）
· 3 ～ 4 滴有機豉油
· 1/2 ～ 1 茶匙茅屋起司
· 1/4 茶匙酵母粉
· 少量無添加的柴魚乾（bonito flakes）
· 少許無添加、無鹽的紫菜（先壓碎，再灑少許在食物上）

斷食法（僅適合部分貓咪）

　　請你不用擔心，這裡指的是為期非常短暫（不超過24小時）的斷食。其實，只要有充足、潔淨的飲用水供應，1天斷食對貓狗的健康是不會有大礙的。很多崇尚天然療法的獸醫和貓主都認為每個月為貓咪（甚至自己）進行一次為期一天的斷食，能讓牠們的腸胃有機會休息，身體也能在那天專注的排出體內積存的毒素。

　　但是，若你的貓咪是屬於下列表格的類別，請不要讓牠進行任何斷食。

> **不適合斷食的貓咪**
>
> · 未成年的小貓（小於一歲）
> · 懷孕或哺乳中的貓媽媽
> · 本身已太瘦弱的貓咪
> · 生病中的貓咪
> · 大病初癒或手術康復中的貓咪
> · 過胖的貓咪
> · 年紀老邁又體弱多病的年長貓咪

　　以上貓咪並不適合進行斷食，因為牠們的身體狀況正面臨異於平常的挑戰，所以每天都需要充足或額外的營養去維持身體健康。但為什麼過胖的貓咪也不宜斷食呢？因為斷食可能會讓胖貓咪患上急性脂肪肝，情況可能會非常嚴重喔（詳情請見 p.221）！

為什麼要讓不肯接受新糧的貓咪進行斷食呢？主要目的有下列三個。如果你決定要轉糧，而讓貓咪進行斷食，請不要以為一整天不給貓咪食物就已大功告成了。因為這樣做，貓咪很可能會覺得你很殘忍，牠也許會很焦慮，不了解為何你今天不給牠東西吃，你是否已不愛牠了呢？

[**讓貓咪斷食的**
3 個主要目的]

1. 讓牠的身體自我進行大掃除，排出長期積聚在體內的各種毒素。
2. 若貓咪本身胃口不佳，短暫斷食能刺激牠的食慾。
3. 短暫斷食也能幫助消除貓咪對舊糧習慣性或口味性的癖好。

所以，為了讓貓咪安心，最理想的作法是選你有空的一天為貓咪進行斷食。

這樣你便可以在那天預留多點「親子時間」給貓咪，一起休息談心，一起玩點既輕鬆又不太會體力透支的遊戲（別讓貓咪玩得太累）。在這特別的一天，雖然你並不能給貓咪食物，但你能和貓咪一起進行以上所提議的活動作為獎勵；我相信即使是斷食天，對你和貓咪都可以是輕鬆愉快的一天。以下就是為貓咪進行斷食的準備功夫和程序。

斷食的程序

1 熱身期

2 斷食期

3 適應期

熱身期即斷食的前一天。你可如常餵飼貓咪吃舊糧，但分量要比平常少一半左右。

斷食期通常為期一天，在這期間，請鼓勵貓咪多喝清水（蒸餾水或經過濾器處理的水）及以下介紹有助於排毒及增加飽足感的營養飲品。因為貓咪需要飲用充足的水分，身體才能有效進行大清洗，並將體內毒素排出。

以下兩種排毒飲品，製作方式都很簡單，又可在斷食期間防止貓咪的血糖跌至過低。若你也想為自己的身體進行大掃除，也可以和貓咪一起斷食一天，並分享以下的排毒飲品（可依自己和貓咪的喜好選擇）：Recipe 1 排毒蔬菜清雞湯（作法見 P184）、Recipe 2 全天候薏仁特飲（作法見 P186）。

適應期為斷食後的 1～2 天。此時可開始給貓咪新糧，第一餐給正常分量的 1/4；第二餐給正常分量的 1/2。第二天才開始給貓咪正常分量。

多數貓咪在經過 24 小時沒有固體食物的斷食後，態度會軟化，迫不及待的去嘗試新糧。但事無絕對，有少數的貓咪就算禁食後仍不願意進食新糧。這時，你可試試在新糧裡加進以下任何一種輔助食品「加料」，增添新糧的吸引力。

細心觀察

　　當你決定為貓咪轉成較天然的糧食時，一定希望貓咪的健康因此得到改善，而的確，貓咪的身體狀況會因為糧食的好壞而有頗明顯的反應。

　　轉吃新糧後不久，你可能會發覺貓咪比以前活躍，甚至脾氣也轉好了。因為貓咪體內各個細胞都吸收了新糧中較天然優質的養分，血液中的含氧量也提高，令貓咪覺得更有活力。身體健康舒適，性格自然變得更可愛。

　　若你不想功虧一簣的話，就算成功讓貓咪轉食新糧後，也要細心觀察並小心記錄牠這段期間的胃口和各種生理變化，才能知道新的糧食是否適合牠。

　　若你的貓咪還是無動於衷，你只能退一步，在新糧內加進少許舊糧來迎合牠的口味了（又或者可以依照先前的「貓咪轉糧時間表」進行，讓貓咪慢慢適應）。但如果你的貓咪不論對新糧或舊糧都提不起勁，斷食後胃口依然欠佳，建議還是帶牠去獸醫院做徹底的身體檢查比較穩妥。因為通常長期胃口不佳的貓咪體質都有點問題，可能潛伏著疾病，家長需加倍留意。

轉糧後 2 ～ 3 星期

轉換新糧的 2 ～ 3 星期後，可能會發現貓咪的身體開始產生變化。你或許會覺得困惑，為何貓咪已轉吃比以前優質的食糧，但身體卻突然出現以下問題：皮膚突然長出很多痘痘或瘡、頭皮屑突然增多、舊的毛髮脫落、小便比平時深色及有強烈氣味、大便呈現深褐色或暫時帶有少量血液或黏液。

有很少數的貓咪在轉吃優質新糧的 2 ～ 3 星期後，甚至突然排出一堆寄生蟲！雖然十分嚇人，但這些其實都是貓咪的皮膚、腎臟和大腸（身體的三大排毒器官）為身體清理出來的廢物。在你還未替貓咪轉糧前，貓咪的身體根本不夠強健去處理這些長期積聚在體內的廢物。這段由普通劣質糧轉食優質天然糧的時間被稱為 "The Healing Crisis"，也稱作「復原轉捩點」。

未必每隻轉吃天然糧的貓咪都會經歷復原轉捩點，但若你的貓咪在轉吃天然糧後的 2 ～ 3 星期內出現以上症狀，請先別急著帶牠看獸醫。因為貓咪如果在復原轉捩點期間服用任何抑制這些症狀的藥物，牠的身體便無法進行大掃除，健康也因此無法獲得改善。

轉糧後 6 ～ 8 星期

另一方面，你也要懂得分辨究竟貓咪是正處於復原轉捩點，或是牠已患上重病。這段期間，你一定要特別留意貓咪所有的生理及心理狀況。若貓咪真的處於復原轉捩點，牠的身體雖然出現以上症狀，但牠的精神、心情和胃口都應保持良好。況且，所有排毒過程引起的症狀都會在數天內逐漸消失。相反的，若貓咪出現以上的症狀，但精神、心情與胃口都欠佳，且症狀在數天內日趨嚴重，沒有減退的跡象，請尋求獸醫的幫助。

在轉吃新糧後的 6 ～ 8 星期，你應該已可明顯的觀察到新糧對貓咪健康的成效。建議大家依下列圖表指引，在家中為貓咪進行簡單的身體檢查：

貓咪轉糧後期健康速查表

觀察部位	問題狀況	由飲食導致的可能性	建議應對方法
皮毛	乾燥黯淡、沾滿油脂、多皮屑、發炎、瘙癢或大量脫毛。	油脂、維生素 A、維生素 B、鋅的缺乏都有可能。亦可能是食物過敏症。	為貓咪補充深海魚油及維生素 E；勤幫貓咪梳理毛髮，保持皮毛清潔。如果還沒有好轉，請獸醫檢查貓咪，看看是否有皮膚病或受真菌感染；再不行的話，可考慮轉換食糧。
肌肉	鬆弛或萎縮。	缺乏蛋白質。	轉吃以鮮肉類為主的天然食糧。
眼睛	無神采、常有眼淚或分泌物、紅腫、瞬膜突出。	過渡性的排毒現象；食物過敏症。	保持眼睛清潔，可用棉花沾生理食鹽水清潔眼睛周圍；有需要的話，可為貓咪滴天然成分的貓咪眼藥水。若數天後還沒改善，請找獸醫檢查，因耳朵發炎或耳疥蟲也會增加眼分泌。如果都不行的話，可考慮轉換食糧。
耳朵	發炎、多耳蠟或耳垢	過渡性的排毒現象；食物過敏症。	勤為貓咪用天然貓用洗耳液清潔耳朵。數天後如果情況轉壞或沒有好轉，請找獸醫檢查是否有發炎或耳疥蟲。如果都不行的話，可考慮轉換食糧。
體態	單用眼看已能看見肋骨（過瘦）；有大肚腩、體態臃腫（過重）。	食糧分量不恰當；過多零食；運動量不夠；食糧中澱粉質過多。	貓咪過瘦，可增加食量及補充消化酵素幫助吸收，或轉吃多點脂肪的食糧。過重的貓咪如想減重，詳情請見 P.212。
小便	太深色或透明，排出量過多。	日常的水分攝取量不夠（顏色深）或太多（排出量多於平常）；服用類固醇藥物或其他藥物影響。	若貓咪還是以乾糧作主糧，請為他轉吃天然罐頭或自製貓鮮食。如貓咪無故小便次數頻繁、量多、帶血、小便困難，請找獸醫檢查，最好連同小便帶去診所檢驗。
大便	排便過多或腹瀉、排泄物中有很多未被消化的物質；便秘。	食物分量過多或食物難以消化；食糧中含過多油分；未能適應新糧；如便秘，有可能是日常飲食中水分不夠或膳食纖維及油分不夠；抗生素也會令貓咪大便稀爛。	請查看你在轉糧期間為貓咪寫的飲食紀錄，及參考以下的「貓咪大便分類圖表」。

大便分類	詳細形容	如何改善

 Type1 近乎便秘

一粒粒的硬球體、乾燥；要非常用力才能排出。

Type 1 和 Type 2 大便都是偏乾，貓咪飲食中需要攝取更多水分。吃乾糧的需要改吃罐頭或自製貓鮮食，家裡最好放個寵物飲水器，貓咪比較喜歡流動的水。

在貓食中加添膳食纖維，如南瓜、亞麻籽粉等，橄欖油、蘆薈汁、牛奶也都有輕瀉作用（但不要長期使用）；另外，含赤榆樹皮（Slippery Elm Bark）的草本補充亦有幫助。

多和貓咪玩耍，增添運動量和按摩下腹都有助腸道蠕動，預防毛球亦有助預防便秘。若超過 3 ～ 4 天沒有大便，必須看獸醫。

 Type2 偏乾

像香腸般長條狀，但呈一節一節的狀態；表面通常頗乾。

Type3 正常

像香腸般長條狀，形狀平均但表面有裂紋；剛排出時帶點濕潤。

Type4 幾乎完美

潤滑的長條狀。

Type5 輕微稀

一團一團、不成條狀、多水分又非常軟；有時會帶血、黏液。

轉糧期間（尤其初期），大便有點爛，有時甚至帶黏液或少量血，是正常的，可以將整個轉糧時間表調慢一點，減少新糧的比例，待貓咪慢慢適應；也可在食物中添加消化酵素及益生菌（分量要加倍）幫助消化。含赤榆樹皮（Slippery Elm Bark）的草本補充亦有幫助。

若沒有轉換糧食，記得翻查食物紀錄，看看貓咪過去 24 小時內進食什麼有可能導致腸胃不適的東西。如腹瀉伴隨嘔吐，或一天拉肚子超過 4 次又無精打采，請立刻往獸醫求診。若是 Type 6 或 Type 7 的大便，貓咪最好暫時先別吃平常的糧食，改吃非常容易消化的汆燙雞里肌肉加一點白飯；如還不行，可能要暫停固體食物，但每小時要給貓咪喝飲料，以免脫水（可以選擇「排毒蔬菜清雞湯」（詳見 P.184）、貓咪最愛罐頭的汁液或寵物／小孩專用的電解水（如 Pedialyte）。若 2 天內沒有絲毫改善，最好還是到獸醫院檢查。

Type6 嚴重稀爛

像肉醬、玉米粥般帶有部分固體的糊狀；完全不成形；有時會帶血、黏液。

Type7 嚴重腹瀉

100% 全液體的大便；有時會帶血、黏液。

曾有不少貓家長向我說過他們的貓咪平常如何的挑嘴，但第一次給牠嚐貓生食牠就愛上，腸胃也沒有不適應的現象。

由於生肉比較容易消化，所以的確有不少轉吃貓生食的貓咪根本不需要轉糧適應期。另一方面，也有不少「乾糧死硬派」貓咪，第一次看到或聞到生肉，不但一丁點都不嘗試，還一臉驚訝的像是在說：「怎麼世上竟有這麼噁心的東西！」真會被牠們氣壞！

不過在此要提醒大家，由於乾糧跟生肉被貓咪消化的速度有頗大的差異，千萬不要在同一餐餵這兩種食物。否則，原本大概只需 3 小時就能到達小腸的生肉，會因為混合了需長時間消化的乾糧而滯留在貓咪腸胃，讓生肉裡的細菌或寄生菌有足夠時間大量繁殖，大大增加了貓咪食物中毒的危險。

如果貓咪需要時間適應，倒不如分開，一餐乾糧，另一餐貓生食，這樣會比較安全。若貓咪還是不肯就範，建議可以先從乾糧轉吃天然優質的貓罐頭，適應後，再轉吃煮熟的自製貓鮮食料理，最後才轉吃貓生食。其實不論人類或貓，口味都不是一朝一夕就能完全改變的，一步一步來，對家長或貓咪都會輕鬆點！

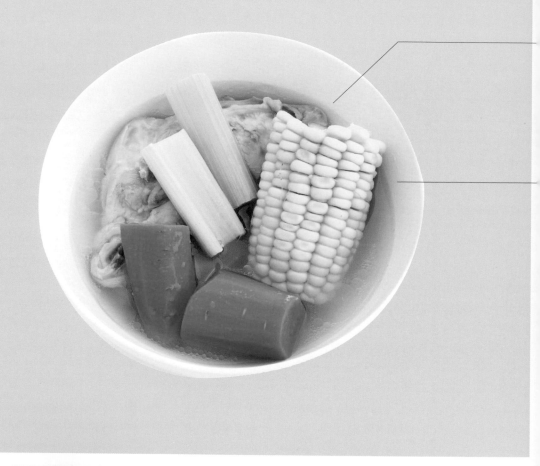

排毒蔬菜清雞湯

湯煮好後，放涼至微暖或室溫，每隔數小時給
貓咪飲用。只給湯水，不要給湯料，在嚴寒的
冬日，就能令貓咪和你覺得暖和幸福！

材料

內餡
西芹 適量
新鮮紅蘿蔔 1 個
新鮮玉米（可以連玉米鬚） 1 整條
去皮放山雞 1/4 隻

作法

1 將所有材料洗淨，切塊。
2 待水煮滾後放入所有材料（用蒸餾水或已經由
淨水器處理的水），大火滾 5 分鐘後轉中火，
繼續煮約 20 分鐘。

Point

1 要用一整條新鮮玉米，不要用玉米粒，因為我
們只需取出玉米的營養和鮮甜味，而且貓咪其
實並不能消化完整的玉米顆粒。

營養特色

除了為斷食期間的貓咪補充水分，這道湯
還專門為了貓咪補充鉀和鈉等重要電解
質。芹菜亦有很好的降血壓、清腸利便和
利水功效喔！

全天候薏仁特飲

此道薏仁飲料適合任何季節食用，
每隔數小時取少量給貓咪飲用即可。

材料

內餡
薏仁 約 1 湯匙
蜂蜜 約 1 茶匙
清水 3 杯

作法

1 先將薏仁浸軟（大約一至數小時）。
2 清水煮沸後，加入薏仁，再煮約 20 分鐘。
  接著關火，悶 15 分鐘。
3 最後加入蜂蜜調和飲用。

Point

1 如貓咪體質虛弱、寒涼，建議用炒過的薏仁（因
  生薏仁屬性微寒）。
2 用有機活性蜂蜜取代普通蜂蜜功效更佳。
3 請只給貓咪喝清湯。

營養特色

薏仁有清熱解毒、祛濕利水等功效，對
腸胃也有益處，是日常排毒的保健佳品。
不過，薏仁始終是穀類，澱粉質含量高，
所以貓咪只適合喝湯，不適合吃湯料。

PART

5

特殊狀況照護指南

0～1歲的幼貓照護

相信大家都知道，人類的營養需求會因應不同的成長階段、身體狀況，以及外來因素（如氣候、環境、污染等）而轉變，小動物也不例外。如果你家的貓咪屬於 0～1 歲的幼貓／熟齡貓咪／懷孕或授乳中的貓媽媽／肥胖貓咪／嚴重病患或康復中的貓咪，請給予牠們額外的呵護，並盡力去配合牠們特殊的營養需要。

其中有關嚴重生病或康復中的貓咪在這裡不便詳談，因為每個不同的個案都有不一樣的營養需要。所以，若貓咪患有重病或須長期服用藥物，請務必諮詢專業意見，因某些病或藥物會導致貓咪有特別的營養需要或禁忌。

打好健康基礎的黃金時期

貓咪一生的健康主要是靠先天條件及後天滋養來斷定。前者我們往往無法改變，但後者我們可以盡量配合貓咪的個別需要，把牠們的先天條件盡量發揮，讓貓咪過得健康快樂。

幼貓出生後前 12 個月的生命裡，因體內每個器官、每項機能都尚在發育中，這時期正是為牠們打好健康基礎的黃金機會。但由於幼貓（尤其是小於 6 個月的幼貓）的免疫系統亦同樣未發育完全，無法充分發揮防禦疾病的功效，因此這時也是貓咪最脆弱、最易被病魔打亂陣腳，甚至奪命的危險階段。

若我們能好好把握這時機，為幼貓提供充足適當的營養，便能幫助牠們平穩的渡過這關鍵時期，帶著健康的身體邁向多彩多姿的貓生了！另外，如小貓身體各機能在這期間獲得充足的養分且發展良好、健全的話，日後患上長期或慢性疾病的機會便會大大減低。

幼貓的營養需要

出生後 30 週是幼貓生長最迅速的時期。正常情況下，3 週齡以下的幼貓體重每天應比初生體重增加 5 ～ 10%，每 7 ～ 10 天就增重一倍。很厲害吧！貓咪家長應每隔 2 ～ 4 天就為幼貓量體重（尤其是人手餵飼的小孤貓），如體重增加不如理想，就必須調整餵食分量。

這時期幼貓的腸胃雖然還很細小，每次只能吃少量的奶、食物，但其新陳代謝率及生長速度卻十分驚人。牠們的營養需要遠超過一般成貓，對蛋白質、脂肪、熱量、鈣、磷、鎂、維生素 A 及 D 的需求特別高。

有研究指出，5 週齡的幼貓每天的熱量需求每 kg 體重高達 250kcal，到 30 週齡就降到每 kg 體重需要 100kcal，直到 3 個月大，每天每 kg 體重就只需要 85kcal。因此，要牠們健康的成長，我們必須揀選能滿足其成長階段的特別需要，並且營養豐富、易吸收的食物。

幼貓成長階段飲食

	幼貓年紀 0-2 週	幼貓年紀 3-4 週	幼貓年紀 4-6 週	幼貓年紀 6 週-3 個月
餵食次數	每 2 小時	每 3 小時	每日 6-8 餐	每日 4-6 餐
飲食內容	貓奶	貓奶	貓奶 + 幼貓固體食物	幼貓固體食物 + 戒奶

	幼貓年紀 3-6 個月	幼貓年紀 6-9 個月	幼貓年紀 9-12 個月	幼貓年紀 1 歲（成年）
餵食次數	每日 4 餐	每日 3 餐	每日 2-3 餐	每日 2-3 餐
飲食內容	幼貓固體食物	幼貓固體食物	幼貓固體食物	可開始轉食成貓飼料

POINT 1 貓奶

　　一般情況下，貓媽媽的母奶是幼貓出生後 1 ～ 2 個月的首選食物。無論分量或營養成分，都是順應幼貓的需要而供應，並且非常容易被吸收。其中，生產後 24 ～ 48 小時間的貓奶尤其重要，因它含有初乳（colostrum）。初乳中有特別豐富的蛋白質、來自母體的抗體及有益腸道的益菌等，這些重要的免疫物質，都是初生幼貓所缺乏，且人造奶粉無法提供的。這解釋了為何一出生就與貓媽媽分開的幼貓難以生存——因沒有進食初乳的牠們，幾乎完全沒有免疫力。

當我們真的碰上了小孤貓怎麼辦？除非真的機緣巧合的找到「貓奶媽」，否則我們就得到寵物用品店或獸醫診所購買幼貓專用的奶粉了。因幼貓胃臟細小，僅能容納少量食物，所以必須少量多餐。週齡越小的幼貓，餵食次數就要越頻繁（請參考左方圖表及考慮幼貓的個別需要）。另外，若情況突然，是在半夜三更才接收到小孤貓，家裡沒有貓咪專用奶粉，該怎麼辦？或者如果你不怕麻煩，想從一開始就給幼貓吃得天然（當然最天然的還是貓奶），又可以怎麼辦？

首先，切勿只用牛奶餵哺幼貓！因牛奶的營養價值不及貓奶，不論蛋白質或脂肪都比貓奶少 3 倍，且奶醣又過高，會造成幼貓營養不良。建議你依照本書為幼貓研製的食譜，自己 DIY 製作新鮮、營養價值又與天然貓奶非常接近的「愛心幼貓奶」（作法見 P.226）。當中所需的蛋白質補充品，請選擇動物性蛋白，貓咪才能有效吸收。

POINT 2　戒奶期的固體食物

4～6 星期大的幼貓可開始嘗試進食固體食物。這時除了貓奶外，我們可以餵幼貓吃一些簡單、營養豐富，又容易消化及吸收的固體食物。由於幼貓的消化系統還未完全發育，在此呼籲，最好別以乾飼料為戒奶期的食品（就算是已浸軟的也不建議，因為就算浸軟了，乾飼料成分的複雜性還是不變，不會變得容易消化），主要原因如下：

1 | 乾飼料成分複雜，而且高度濃縮，對於消化系統尚在發育中的幼貓，實在難以消化。就像你給一個 4 個月大的人類嬰孩吃精製營養早餐穀物或什錦炒飯一樣。太早給予幼貓複雜的食糧，可能對其消化系統（尤其是腸道）造成長遠影響，例如較易對食物敏感、較易腹瀉、嘔吐，甚至 IBD（發炎性腸道疾病）等。

2 | 大多數乾飼料的蛋白質和脂肪含量，都比罐頭飼料還要少，而幼貓還處在迅速成長階段，對以上兩種營養素的需求特別高。

3 | 乾飼料多含有大量及多種穀類。由於貓咪是肉食者，穀類對牠們來說比肉類難消化，加上幼貓的消化系統還未完全成熟，乾飼料更加是種負擔。

4 | 基於上述原因，建議幼貓在 12 週齡以前都不要進食乾飼料。就算以後必須進食乾飼料，也不宜當作主食（原因在 Part 1 已詳細解釋）。

那麼，4 ～ 6 週齡剛要學習吃固體食物的小貓該吃什麼呢？其實在最初階段，可將少量貓罐頭以暖至體溫的貓奶稀釋，鼓勵小貓舔食。往後的一星期，你可逐步將貓奶的分量減少，直至小貓不用稀釋也能直接進食濕糧。若貓媽媽還在幼貓身邊的話，請不必擔心，因她自會決定何時為自己的寶寶戒奶，你只需負責供應合適的固體食物就可以了。如貓媽媽不在的話，請

依照個別幼貓的健康情況和適應能力，在牠們 6 ～ 12
週齡期間，循序漸進的完成整個戒奶程序。

POINT 3　建立良好飲食習慣

自然界中，幼貓頭幾個月的生命裡通常會跟隨著貓媽
媽，而媽媽會把她的生活智慧傳授給子女們，其中包括
了揀選食物的能力。既然這責任已落在我們身上，我們
應先學會分辨對貓咪有益的食物，再鼓勵幼貓從小接受
它們，而不是胡亂傳授自己那套「現代都市人飲食智慧」
給牠們。

同樣的，我們也應在幼貓 1 歲前（其實最好是 6 個
月大前），為牠們培養良好的飲食習慣。否則，隨著
年齡的增長，貓咪會越難接收新事物或習慣（並不是
100% 不可能，但需要更多時間和耐性）。

[幼貓良好飲食習慣]

· 不偏食，不上癮：
從戒奶開始就讓牠們嘗試多元
化的食物（包括不同口味、形
狀、大小），提高牠們對健康
食物的接受能力，避免因長期
吃同一種食物而上癮。

· 定時進餐，不放長糧：
6 個月大後，幼貓每日的進餐
次數可減至 3 餐，這時便應開
始讓牠們習慣定時進食。

· 刷牙：
從幼貓進食固體食物開始，就
應訓練貓咪讓你為牠們刷牙，
若待 1 歲後才開始訓練，會增
加訓練的困難。（刷牙步驟，
請參閱 P.52）

選擇適合幼貓的乾糧／濕糧

　　為幼貓選擇貓糧，第一原則是要選擇天然、不含劣質成分或有害添加（詳情請翻閱 Part 1），而另一要訣是，你所選擇的貓糧，必須能滿足幼貓獨特的營養需要。

　　很可惜，要在市面上買到符合上述條件的幼貓專用貓糧，真的不容易。可能由於大部分貓飼料都標明「適合所有成長階段」（For All Life Stages），大家就以為真的如此，不必特地去買幼貓糧。事實上，這些標明 "For All Life Stages" 的貓糧都已經符合 AAFCO（美國動物飼料控制中心）所訂下的幼貓營養標準。但大家可知道 AAFCO 對大多數營養所設定的只是最低標準嗎？

　　幼貓直至 1 歲為止，仍需要比成貓更多的蛋白質、脂肪及其它營養素；為確保幼貓健康的成長，我們得要在所有標榜 "For All Life Stages" 的貓糧中，選出蛋白質和脂肪含量特別高的一款，而不只是一般營養合乎標準的貓糧。在選購時，可參考右頁數據：

幼貓飲食最低蛋白質／脂肪要求

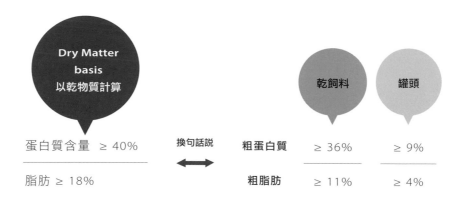

		Dry Matter basis 以乾物質計算		換句話說		乾飼料	罐頭
蛋白質含量	≥ 40%			⟷	粗蛋白質	≥ 36%	≥ 9%
脂肪	≥ 18%				粗脂肪	≥ 11%	≥ 4%

＊由粗蛋白質／粗脂肪，推算出真正蛋白質或脂肪含量（Dry Matter）的方式

剛戒奶的幼貓可吃新鮮食物嗎？

　　答案是：可以！若你希望你的貓咪長大後能有口福、享受（及接受）天然健康的新鮮食物，現在更應讓牠們開始嘗試。在這時期，幼貓的口味是張白紙，最容易接收新口味。當然，也不能太過急進，一次給牠們嘗試過多不同的新鮮食物，牠們的腸胃可能會受不了。

　　如幼貓已懂得自行進食罐頭飼料，建議可讓牠們嘗試以下新鮮食物，採零食或混濕糧的方式餵食。每開始一種新嘗試，請連續數天（3～4天）小量餵食，觀察小貓腸胃能否適應，才再轉試另一種新鮮食物。以下圖表列出適合幼貓的鮮食，建議由置頂的半生熟蛋黃開始（因最容易消化），再逐步加入對幼貓來說較難消化的蔬菜。

食物	烹調方法	試食期分量（每日）
Start 半生熟蛋黃（不用怕沙門氏菌，因貓隻腸道酸性比人類高 20 倍！）	水煮	約 1 茶匙
原味優格	即食	約 1/2 ～ 1 茶匙
茅屋起司	即食	約 1/2 茶匙
絞碎的雞肉／牛肉	蒸熟，燙熟或用少許牛油快炒（不見血即可）	約 1 茶匙
剁碎去骨魚肉（不要用鮪魚，原因請參閱 P.76）	蒸熟	約 1 茶匙
水果（可由木瓜開始，然後從 P.86 ～ 87 選擇適合貓咪的水果；與正餐分開餵食）	生食（磨成泥）	約 1/4 茶匙
End 蔬菜（請參閱 P.85 ～ 86 選擇適合貓咪進食的蔬菜）	生食（磨成泥）／稍微煮熟	約 1/4 茶匙

＊若情況許可，盡量選用有機材料，因它們通常含較低毒素，營養價值更高。

熟齡貓照護

根據金氏世界紀錄記載，世上最長壽的貓咪，是來自美國的 "Creme Puff"。Creme Puff 足足活了 38 年又 3 天，對照人類年齡，相等於一個 169 歲的人瑞囉！

究竟貓咪幾歲才算老？其實，貓比狗長壽，如保養得宜又沒有重患的話，一般可以活到 18、19，甚至 20 多歲都不足為奇。一般推斷，貓咪會在 12 歲左右開始出現老化的跡象，但並不必然，若飲食或護理不當，很可能提早衰老，就像流浪貓絕少活超過 10 年。

同樣道理，恰當的飲食及護理調整，能延緩貓咪的老化過程，讓牠優雅地安享晚年（外國不是正有句話叫 "Age Gracefully" 嗎？），不會百病纏身，每日活在痛苦和不便中。

貓咪歲數對照表

貓咪老化的跡象

- 鬍子變白，毛髮比以前稀疏，失去光澤。
- 活動量減少，提不起勁，經常睡覺。
- 行動不如以前敏捷，較慢及較僵硬。
- 皮膚／肌肉比以前鬆弛。
- 因活動量減少而導致過重。
- 胃口欠佳導致體重過輕。
- 較以前容易受驚、發脾氣（因視力、聽覺及嗅覺都不那麼靈敏了）。
- 對氣溫的轉變較敏感（特別怕冷）。

現代人（甚至獸醫）一般都覺得 8 歲以上的貓咪已算「老」。我覺得這是過分悲觀的想法。不過說實在，縱使現代醫療進步，許多都市貓咪卻未老先衰，或在 14、15 歲就死於非命。許多熟齡貓咪（我比較喜歡這樣稱呼，因為「老」只是個悲觀的心態）都受以下病症折磨，有不少還因此英年早逝。但你可否知道，熟齡貓中非常普遍的腎功能衰竭、下泌尿系統疾病、糖尿病、便秘等，很可能都是因為飲食不當所造成（或者引起提早衰退）的嗎？

[**熟齡貓常見病症**]

· 腎功能衰竭 *
· 肝功能衰竭
· 免疫力減退
· 下泌尿系統疾病（如膀胱／尿道炎或結石）
· 消化功能減弱（以致營養不良、腸胃不適、便秘等）
· 糖尿病 *
· 關節炎
· 牙周病
· 甲狀腺功能亢進 *（"Hyperthyroidism"）

註：若發覺貓咪體重下降，比平時多喝水又小便頻繁的話，有可能患上以上打 * 的重病，需立刻給獸醫診斷。

換句話說，如果你的貓咪從年輕就吃得對、吃得好，往後就算踏入熟齡，也不會提早衰退，成為大家都羨慕的「凍齡貓」。

所有熟齡貓都要吃「老貓飼料」？

很多人以為貓咪到了 8 ～ 10 歲就必定要轉吃所謂的「老貓飼料」才會健康，更離譜的是，有部分獸醫更會叫家長為貓咪轉吃這些「老貓飼料」，以預防腎病。這是毫無根據的說法！

市場上的「老貓飼料」人多是低蛋白質、低脂、低熱量、高纖維，比起成貓飼料有更多碳水化合物。但你必須明白，隨著年齡的增加，貓咪運動量減少，所需要的熱量也會減少，但歲月並不會將一隻全肉食動物變成雜食動物！熟齡貓咪還是需要來自動物的蛋白質及脂肪，作為牠們主要的熱量來源；牠們還是不能有效的消化及運用碳水化合物，而消化情況甚至比年輕時更糟。

由於熟齡貓的消化功能減弱（胃液分泌較少，腸胃的蠕動功能也較弱），牠們的理想食物應要含高素質的營養——即是非常容易被身體吸收及運用的營養，食物的分量反而是次要。如貓咪的食糧含豐富高素質的養分，貓咪很可能吃少量已能滿足身體所需。相反，若食糧含人量難被吸收的營養（如碳水化合物或膳食纖維），貓咪即使吃下大量，仍無法供應身體所需，反而大大加重了消化及排便系統的負擔。

這些就是所謂「老貓飼料」的問題。有些貓咪因為覺得低蛋白質、低脂的「老貓飼料」一點都不可口，所以不怎麼願意吃，體重就自然下降了。相反，也有不少熟齡貓咪因為這些高碳水化合物及高纖維的「老貓飼料」難以消化，一直吃都覺得不滿足，日復一日便胖了。

不少家長深信貓咪年紀大了就不可以吃太多肉類，因為蛋白質會導致腎病，這真是太大的誤解！肉食性動物不會因為蛋白質過量而導致腎病，造物者不會有這麼笨的設計。只有罹患第二期或以上的腎衰退症，或嚴重肝病／胰臟炎的貓咪才需要蛋白質限制。有研究指出，飲食中的蛋白質攝取量會令血液中的尿素氮（BUN）上升，但這只是蛋白質的代謝物，並不代表會導致腎病。貓咪尿液的濃度（Urine Specific Gravity）及尿液裡是否有蛋白漏出（Proteinuria）更能顯示腎臟是否出了問題。

想為貓咪有效預防腎病，應早在貓咪踏入熟齡前就確保牠飲食中能攝取充足的水分，也就是牠所吃的飼料水分含量必須超過 60%，且鹽分不要過多，不少天然罐頭飼料或鮮食料理都能符合以上兩點。做到以上兩點，腎臟每天的負擔就會減輕，自然不會早衰。

綜合來說，熟齡貓咪的飲食主旨乃是「重質不重量」──總熱量減少，但必須含有足夠的高質量動物性蛋白質，以容易消化、水分充足為主。

熟齡貓的營養需要

1 | 總熱量（Kcal）

因活動量減少，新陳代謝率減慢，熟齡貓每天所需熱量一般可減至壯年所需的 80%。（若貓咪過瘦或還是很活躍的話，總熱量則未必要減少。）

2 | 蛋白質（Protein）

一般人認為熟齡貓的飲食要低脂、低蛋白質才稱得上健康，其實這是個錯誤的觀念。熟齡貓的蛋白質需求與一般成貓無分別（除非患有某些特別病症，如嚴重腎病、肝病等，才需低蛋白質的攝取量）。身為肉食者，貓咪特殊的身體結構使牠們無時無刻都消耗著大量蛋白質，熟齡貓也不例外。

相反，若飲食中沒有足夠的蛋白質（每天少於每 kg 體重 3g 蛋白質），貓咪的肌肉會萎縮、免疫力會降低、整體衰老速度會加快（因蛋白質是細胞更新過程的必需品）。而熟齡貓所需的蛋白質，最好是來自動物的高素質蛋白質（如蛋黃、雞肉、魚肉等）。

3 | 脂肪（Fat）

熟齡貓是否跟熟齡人類一樣需要低脂飲食呢？其實只要適量就 OK。Part 1 也曾提到貓比人類更能運用脂肪，所以，除非你的貓咪曾罹患胰臟炎，否則不必刻意進行低脂飲食。另外，脂肪對於毛髮及皮膚的健康、預防便秘及增進食物的吸引力也有相當的幫助。只要貓咪食用的是容易吸收（來自動物），及對牠們健康有益的脂肪（如含豐富 Omega-3 的深海魚油）就沒問題了。

4 ｜碳水化合物（Carbohydates）

熟齡貓的日常飲食中，應只含極少量的碳水化合物。本書中也不斷提到貓咪其實並不需要碳水化合物，過多反而會引起消化及其他健康問題（如糖尿病），對於消化力已不大如前的熟齡貓更是如此。

5 ｜抗氧化劑（Antioxidants）

可來自天然食物或營養補給品，其中包括了維生素 C、維生素 E、維生素 A 及硒等。游離基（Free Radicals）是讓細胞衰老的重要因素，而各種抗氧化劑的作用，便是合力將這些破壞力驚人的游離基吞噬。所以，邁入老年的貓咪需要更多抗氧化劑來保護細胞，延緩衰老。

適當的營養補充品

就算你的愛貓在年輕時非常健壯，從來沒吃過任何補給品也沒有病痛，但牠一旦踏入熟齡，因消化功能及身體各部分都開始老化，使用適當的營養補充品搭配飲食，還是不可缺少的。

The Basics！
每隻熟齡貓都應服用的補充品

· **消化酵素**：消化功能減弱，需要額外酵素幫助消化食物，才能充分吸收當中的營養。

· **維生素 E**：非常重要且有效的抗氧化劑，能有效延緩衰老。

· **深海魚油**：對維持關節、腦部、心臟及皮膚健康都有幫助。

· **貓咪專用綜合營養品（Whole Food Blend）**：請參閱 P.130。

· **關節保健品**：如葡萄糖胺、軟骨素、維生素 C、薑黃等。

The Optionals！
因應個別貓咪的健康情況而小心選用

· **維生素 B 群**：對皮膚及神經系統健康很重要。

· **卵磷脂（Lecithin）**：有助預防腦部退化。

· **抗氧化劑（Antioxidants）**：延緩衰老、增強免疫力、預防癌症。

· **冬蟲夏草**：有助增強免疫力及改善腎虛。

· **靈芝**：增強整體免疫力。

註 1：補給品的詳細功效及選購要訣，請參閱 P.124。

註 2：如貓咪患重病或需長期服用藥物，請務必諮詢專業意見，選擇對貓咪整體健康有幫助的補充品。因某些病或藥物會導致貓咪有特別的營養需要或禁忌！

註 3：小心閱讀營養品成分表，也別一次給貓咪吃太多種類的營養品，以免當中有營養素因重複而過量。

**熟齡貓
每天該吃幾餐？**

· 上了年紀的貓咪消化能力較弱，所以應「少量多餐」──每日平均 3～4 餐。（但切忌放長糧！）

· 熟齡貓咪最好完全遠離乾糧，因乾糧對牠們來說既難消化又缺少水分，容易導致各種消化問題、腎病、下泌尿系統問題及便秘等。

貼心小提醒

每年到獸醫診所作身體檢查是很重要的！（熟齡貓咪最好半年做一次）因很多嚴重病症初期的症狀都不明顯（貓咪對隱藏病徵十分拿手），到我們察覺時，常常已到末期，為時已晚。

如果貓咪對外出或去診所真的非常恐懼，可考慮請有到診服務的獸醫到家裡為貓咪檢查。又或者試試自己定期拿貓咪的尿液去診所檢驗，若結果不及格（如濃度不夠、有糖尿或有大量蛋白質），再將貓咪帶去檢查清楚。

懷孕／哺乳中的貓媽媽照護

懷孕中的貓媽媽

懷孕中的貓媽媽熱量需求比平時所需量高 25%，蛋白質需求也比平常高。這期間可提供一些熱量和蛋白質都較高的飼料（可選擇適合幼貓的飼料），並因應牠們的要求來決定餵飼分量。若準貓媽媽本身的身體狀況不太理想，如特別瘦弱，除了營養特別豐富的食糧外，更可能需要每天或每隔幾天（視個別情況）餵食貓咪專用綜合維生素，以補充過去的不足，並確保貓媽媽和胎兒每日都能吸取足夠的營養。

另外，要特別注意，在懷孕後期，貓媽媽應轉為少量多餐。因為當胎兒在貓媽媽體內日漸長大時，會逼壓到胃部，因此每次只能接收少量食物。這段期間是我罕見贊成以「放長糧」的方式任由貓媽媽進食，尤其當家長不在家時！

哺乳中的貓媽媽

哺乳中的貓媽媽比起懷孕期需要更多營養。因牠在生產過程中已消耗大量能量，還未來得及復原，便得開始製造乳汁，以餵飽呱呱墜地的貓寶寶。往後的至少 4 星期，貓奶是寶寶唯一的營養來源，因此若此時貓媽媽未能攝取足夠的營養，便可能無法製造足夠乳汁，或令乳汁的素質受影響，兩者都可能導致幼貓營養不良，而容易遭受感染，嚴重時甚至會有生命危險。

所以，哺乳期貓媽媽的飲食，不論對她本身或幼貓們的健康都有莫大的影響。

據估計，哺乳中的貓媽媽，營養需要比一般成年貓高出約 3 倍（尤其是對熱量與蛋白質的需求）。而貓媽媽本身的營養狀況及幼貓的數量，也會直接影響她的營養需要。請選擇高質量，又能配合幼貓營養需求的乾飼料及罐頭飼料來餵飼貓媽媽。因這類食糧所含的營養通常較一般貓糧豐富，較能配合貓咪在此期間對營養的特別需求。

哺乳期的貓媽媽，不是在哺乳或睡覺，就是要忙著進食——幾乎無時無刻都感到饑餓，要為她體內的「製乳工場」尋求大量的「原料」。所以在這段非常時期，我破例建議你「放長糧」（尤其當你必須長時間離家工作），並一定要預備充足的清水給貓媽媽飲用（此時她也需吸取大量的水分，以製造足夠的貓奶）。

另外，除了在你外出或晚上睡覺時，留下乾飼料讓貓媽媽自由進食外，建議在這段期間，每天能提供至少 2～3 餐，高素質的貓罐頭飼料或貓鮮食料理，好好慰勞辛勞的貓媽媽（當然要選擇有人在家時，因濕糧放置在室溫 30 分鐘或以上就可能變質）。這麼做除了會讓貓媽媽開心點，貓罐頭或鮮食中的大量水分也較容易被貓咪吸收，且罐頭也較乾糧含更多蛋白質。

這段對營養需求量極高的時期通常會維持至幼貓戒奶為止。當幼貓完全戒奶後，在貓媽媽身體狀況許可下（不是過瘦），便可慢慢為她轉回成貓飼料。

**［ 真正為動物著想，
請為你的貓咪結紮！ ］**

- 你知道每天有多少隻流浪貓／被人遺棄的貓咪被奪去性命？有些更慘被虐待，而牠們唯一的「罪行」只是：沒有家，也沒有人愛！
- 貓咪的繁殖力非常驚人。一隻成年母貓，每年能誕下 3 胎，每胎平均 4 隻幼貓；若這 12 隻貓也沒有絕育，當牠們踏入半歲後，便有繁殖能力，後果不堪設想。
- 不要介意品種，混種家貓通常比純種貓來得強壯。我們的貓咪也從沒嫌棄我們是黃種人，而不是金髮洋妞或藍眼帥哥吧？所以，請支持大自然的揀選，領養木地原創 —— 台灣混種家貓吧！

過胖貓咪照護

據專家估計，現代居住在城市裡的貓咪，有高達 30 ～ 50 % 屬於過重（overweight）或肥胖（obese）一族。這是非常驚人的數字！

不少貓咪家長愛在社群網站裡秀家裡愛貓的照片，觀察後，我發現之中有高達 7 成的貓咪都有過重，甚至肥胖的體態。每次我都要很努力克制自己，別老是職業病發作，指出別人的貓咪應該減肥。不是我黑心，而是大部分這些家長根本不覺得他們的貓咪胖；反而受到傳媒影響，覺得貓咪胖胖的特別可愛。

除非這些貓咪生活在卡通或繪本裡，否則肥胖不等於可愛。各位，在現實世界中，肥胖症對貓咪來說是種病，是慢性的隱形健康殺手，真的一點都不可愛！

肥胖為貓咪帶來的健康風險

以下種種肥胖為貓咪帶來的健康風險，你知道嗎？

1 ｜ 相較於正常貓咪，胖貓咪患上第 2 型糖尿病的機率高達 3 倍。

2 ｜ 胖貓難以自理皮毛，所以患上非敏感性皮膚病的機率高 2 倍

3 ｜ 難以清理下半身，容易患上尿道炎和膀胱炎。

4 ｜ 較容易有關節問題（如關節痛、關節炎等），導致行動不便。

5 | 容易氣喘和患上其他呼吸道問題（如哮喘）。

6 | 非常容易患上脂肪肝。

7 | 動手術時，胖貓咪的麻醉風險比較高。

8 | 胖貓咪的壽命一般比較短。

除了上述健康風險，近年更有研究指出，肥胖症會增加貓咪體內的氧化壓力（Oxidative Stress），加速細胞老化，讓身體長期處於發炎狀態。罹患糖尿病或腎病初期的貓咪，其氧化壓力也比健康的貓咪高。

肥胖會讓一隻貓的生活品質（Quality of Life）大大降低，無法自由跳躍、自行清潔，飽受各種疾病或痛症煎熬。肥胖在你看來可能覺得可愛，但對於貓咪卻是個可怕的病症，對我這個營養師來說，更是個可悲的現象，因為肥胖症本來是可以輕易避免的。

常見致胖原因

其實不論人類或貓狗，只要吃下去的卡路里比用到的多，多餘的能源就會被轉化成脂肪，日積月累自然會胖起來。這是簡單的加減數。但以下常見的致胖原因，只要貓家長盡量注意，就算不用每天計算吃了或用了多少卡路里，也能避免貓咪變胖貓。

碳水化合物過高的乾飼料

乾飼料是讓貓咪發胖的主要原因，因為比起其他種類的飼料，乾飼料的碳水化合物最高。希望你還記得在 Part 1 我就跟大家解釋過，由於貓咪是全肉食動物，牠們的身體本來就設定用蛋白質和脂肪提供能源，因此牠們不能有效運用食物中的碳水化合物。也就是說，貓咪攝入的碳水化合物，絕大部分都未能被轉化成能源，反而變成一團團贅肉。

野貓的獵物一般只有 3 ～ 5% 的熱量來自碳水化合物，但一般乾飼料 35 ～ 50% 的熱量都來自碳水化合物，當中的差異多達 5 ～ 10 倍！就算是無穀物的乾飼料，當中的碳水化合物含量還是比貓罐頭飼料或自製貓鮮食高。為什麼不能做一些低碳水化合物的乾飼料呢？因為製作乾飼料的其中一個過程 "Extrusion"，規定產品要有一定的澱粉質含量，才能將飼料壓縮成一粒粒的形狀。

貓咪吃下含大量碳水化合物的乾飼料後，血糖會飆升，而胰臟為了應付，唯有勉強釋出大量的胰島素，讓本來突然飆升的血糖急降。低血糖使得貓咪腦袋向體內其他器官發出飢餓的訊號，又令貓咪再去啃食乾飼料。這情形就如我們晚餐吃過頭（尤其是甜點），早上應該還撐著肚子，但偏偏反而覺得特別餓，這就是因為身體製造了過多胰島素。

看出這個惡性循環了嗎？還不止如此，若貓咪身體每天都經歷這惡性循環，不久後牠的胰臟就會罷工，不能製造足夠的胰島素，身體細胞也會開始抗拒胰島素（insulin resistant），貓咪便會罹患糖尿病。所以，若你想讓貓咪告別肥胖，就請先向乾飼料說「不」，另選碳水化合物少於 10%（Dry Matter basis）的主食吧！

不良飲食習慣

Part 4 中已多次強調放長糧是最壞最壞的飲食習慣。現在我又要告訴大家這壞透了的習慣也是貓咪肥胖的原因，大家不會覺得驚訝吧！許多人誤以為所有貓咪都會自我控制食量，若你的貓咪已成年、身體健康、環境中有許多有趣的事物，且牠的食物也是適當的（species appropriate），那這或許是事實。

不過現實總是事與願違。許多乾飼料（尤其那些用料比較低劣的）表面都噴上研究認為能吸引貓咪進食的油分及味道。貓咪整天都聞得到飼料的香味，加上家長整天不在家，周遭環境又沒什麼好玩有趣的，無聊下就不時去吃幾口。另外，若飼料中碳水化合物含量高，蛋白質及脂肪含量較低，貓咪因為主要靠蛋白質及脂肪製造能量，就算吃很多也會覺得不滿足，就會導致進食過量。

如家裡有超過一隻貓咪，放長糧就更不該。因為你無法知道每隻貓咪的食量，可能會出現同一家庭有貓咪吃到腦滿腸肥，另一隻卻永遠吃不夠，瘦到像難民一樣。

相信不少人都認為 "Food is Love"，以致不少家長會給貓咪過多零食（超過每天食量的 15%）。不難想像，這也會導致貓咪肥胖，也會讓貓咪變得挑食，不願意吃正餐，導致營養失衡。其實如果貓咪每天定時用餐（每天 2～3 餐），吃得夠又吃得好，除了特別的獎勵或情況，並不需要特別注重零食，重點應放回在主食。

運動量不足

在歐美國家，許多貓咪都居住在空間較大，又有花園的屋子裡。相比之下，國內大多家庭的空間有限，特別是在城市裡，多數貓咪都住高樓公寓，自然也沒花園給牠們出去逛逛。再加上現代人工作忙碌，導致貓咪每天可能有 10 小時以上都獨留在家，除了吃和睡，真的沒什麼事可忙（如果家裡只有一隻貓咪的話，因為沒伴兒陪玩，那就更無聊），難怪那麼多城市貓咪的體重都不及格！

在我還在為我的美國註冊營養師牌照在醫院實習時，有一次我獲派去跟一批因患有「病態肥胖症」（Morbid Obesity），而將要接受割除部分胃部的病人作營養教育（好讓她們知道手術後可以吃什麼，不可以吃什麼等等）。當我準備好資料在房間裡等候，第一位病人在旁人攙扶下開門，吃力的走到椅子前已滿臉通紅、氣喘如牛，像跑了 10 層樓梯一樣，但椅子跟門口的距離只有 7 步！這情景對我來說真的很震撼，讓我徹底了解肥胖如何徹底催毀一個人的日常生活。

許多胖貓咪的家長可能認為牠們的貓咪不無聊，是本來就文靜，根本不願動，對任何玩具都提不起興趣。但你是否想過,其實胖貓咪就像上述「病態肥胖」的病人一樣,不是牠們不想動,而是試過走動帶來的氣喘、肌肉摩擦及關節帶來的疼痛後就不願意動。但貓咪不知道這是個惡性循環,牠越不動就越胖,脂肪比例增加,肌肉比例減少,行動因此變得困難。

賀爾蒙／內分泌問題

我鼓勵大家為家裡的貓狗結紮,這不僅是為牠們長遠健康著想,也是避免牠們意外懷孕,令流浪動物問題更加嚴重。但大家未必知道,貓咪結紮後受賀爾蒙的影響,新陳代謝率會減慢,讓每天所需的熱量減少。結紮後的貓咪每天食物量要比未結紮前減少約 25 ～ 30%,才能避免牠們不斷增胖。

另外,有些影響賀爾蒙或其他內分泌的病症,如甲狀線機能減退症,也有可能讓貓咪變胖。這方面就要請獸醫幫忙診斷才能清楚知道。

你的貓咪是否過重／肥胖?

一般成年母貓的體重應該是 3 ～ 5kg 左右(除了某些體型特別大的品種,如 Maine Coon、Norwegian Forest Cats、Ragdoll Cat 等,正常母貓體重可達 6.5kg)。至於公貓,除了以上提及體積特別大的品種可重達 8.2kg 外,一般成年公貓的體重在 4 ～ 5.5kg 左右。如你家貓咪的體重遠超過以上的參考數字,牠很可能已是過重,甚至肥胖。

但有的貓咪可能天生骨骼特別壯大,肌肉又異常發達,牠的體重就會超越正常,但卻不是肥胖(體積相同的肌肉比脂肪重)。所以除了量體重,觀察貓咪體態也有助分辨究竟貓咪是否肥胖。

根據右頁的評級制度,你的貓咪屬於哪一種?假如是 4 或 5 的話,都屬於太胖了。

如何成功為貓咪瘦身?

相信許多胖貓家長都很想知道答案,因為過往有太多次失敗的經驗。為什麼大部分家長都無法為貓咪瘦身?根據我的經驗,都是因為耐性不足或用錯方法。

讀到這裡,如果你已嫌棄我的長篇大論,又或者你只想儘快知道最快、最簡單、最有效的貓咪瘦身策略的話。沒問題,只要做到以下兩點,你就成功在望:

1 | 停止讓貓咪自由進食,改定時用餐,最好少量多餐(每天 3 ～ 4 餐),增添飽足感。

2 | 為貓咪轉吃無穀物、以肉類為主的貓罐頭(千萬別選所謂「減肥飼料」),當然,如你願意親手做營養均衡的貓鮮食料理也可以。按照罐頭上所建議

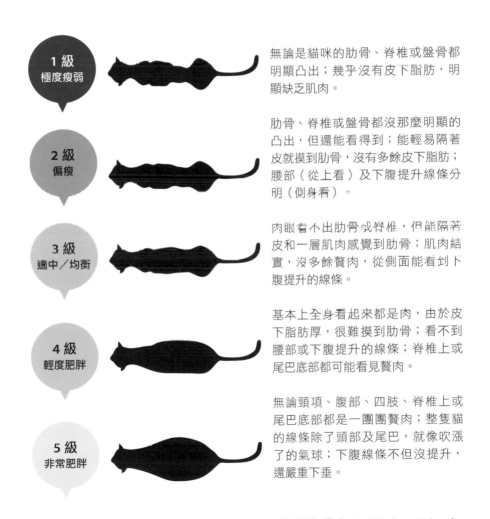

貓咪體態
分級圖表

1 級
極度瘦弱

無論是貓咪的肋骨、脊椎或盤骨都明顯凸出；幾乎沒有皮下脂肪，明顯缺乏肌肉。

2 級
偏瘦

肋骨、脊椎或盤骨都沒那麼明顯的凸出，但還能看得到；能輕易隔著皮就摸到肋骨，沒有多餘皮下脂肪；腰部（從上看）及下腹提升線條分明（側身看）。

3 級
適中／均衡

肉眼看不出肋骨或脊椎，但能隔著皮和一層肌肉感覺到肋骨；肌肉結實，沒多餘贅肉，從側面能看到下腹提升的線條。

4 級
輕度肥胖

基本上全身看起來都是肉，由於皮下脂肪厚，很難摸到肋骨；看不到腰部或下腹提升的線條；脊椎上或尾巴底部都可能看見贅肉。

5 級
非常肥胖

無論頸項、腹部、四肢、脊椎上或尾巴底部都是一團團贅肉；整隻貓的線條除了頭部及尾巴，就像吹漲了的氣球；下腹線條不但沒提升，還嚴重下垂。

* 圖 表 改 編 自 The Ohio State University. College of Veterinary Medicine. Body Condition Scoring Chart (http://vet.osu. edu)

的一般成貓食用量就可以，如果以體重估計食用量，就用貓咪的理想體重；轉吃罐頭之後，就千萬別再讓貓咪吃乾飼料了。

但是，如果你想再仔細一點、有把握一點，就請你細心閱讀以下的貓咪瘦身祕訣吧。

瘦身期該吃多少？

這是個關鍵性問題。如吃過量，當然就瘦不了；但若一隻胖貓咪突然食量大減，就容易患上急性脂肪肝（Hepatic Lipidosis），若不及時發現，是可能致命的。聽起來有點諷刺，但請記住千萬不可以餓壞胖貓咪。

還記得在 P.148 ～ 150 教過大家如何計算貓咪每天的「休息狀態所需能量」RER 嗎？如貓咪要瘦身，首先要請教獸醫，根據貓咪的品種、骨骼、健康狀況等，設定一個理想體重（IBW = Ideal Body Weight）。之後我們就可以計算出在瘦身期間，貓咪每天應攝取的熱量。

STEP 1

以理想體重 (kg) 算出 RER：

RER = (30 x IBW) + 70

STEP 2

推算貓咪每天熱量攝取量的指標：

貓咪每天熱量攝取量 = RER x 0.8 ～ 1

比如說，一隻 7kg 的胖貓咪要減到 5.5kg 的理想體重，那麼牠的 RER–(30 x 5.5)+70=235kcal／day；接著便可算出每日熱量攝取量為 235 x 0.8 ～ 1=188 ～ 235kcal／day。計算完成後，就可以依這指標決定貓咪瘦身期間每天的熱量。當然，每隻貓咪的身體狀況、新陳代謝率也不盡相同，計算出來的攝取量只供參考，之後還需因應實際效果作出調整。

[**貓咪肝臟脂肪病**
(**Feline Hepatic Lipidosis**)]

俗稱「脂肪肝」，簡單來說，就是過量脂肪囤積於肝臟，影響肝功能的病理現象，嚴重的話可能致命。雖然所有貓咪都有可能罹患此病，但患者以肥胖貓咪為大多數。胖貓咪如 48 小時沒進食，又或者 3 ～ 5 天以上只進食少於牠平常食量的 50%，就有機會罹患脂肪肝。

由於身體進入飢餓狀態，體內的脂肪就會被分解成脂肪酸，用以提供緊急能量。但胖貓所囤積的脂肪實在太多，短時間內大量脂肪酸被帶去肝臟，肝臟不勝負荷，就造成了脂肪肝的狀況。

所以，為貓咪瘦身時，請特別留意有否出現以下脂肪肝的症狀：食慾不振、嘔吐、無精打采、流口水、體重迅速下降、黃疸（後期）、痙攣（後期）。若本來胖胖的貓咪突然吃得很少，又出現這些症狀的話，請立刻帶去給獸醫檢查清楚，並記得要作血液檢查。

瘦身期該怎麼吃？

如果你堅持以乾飼料為貓咪瘦身，對不起，你注定失敗！原因早已說過：乾飼料含過量碳水化合物。導致貓咪肥胖的是食物中的碳水化合物，而不是脂肪。

要成功為貓咪瘦身，就要選擇以肉類為主，高蛋白質（超過 50% Dry Matter Basis）、中度分量脂肪（大約 15 ～ 30% Dry Matter basis）、低碳水化合物（少於 10% Dry Matter basis）的飲食內容。

一般市面上的天然無穀物貓咪罐頭都符合以上條件。當然，如果你想親手為貓咪作鮮食料理，而貓咪又願意品嚐的話，也可以參考本書提供的輕食食譜 Recipe 1 雞肉滑蛋輕食（作法請見 P.228）、Recipe 2 海鮮咖哩輕食（作法請見 P.230）。建議每天 3 ～ 4 次，以少量多餐的方法，讓貓咪增添飽足感。

以合乎貓咪身體結構的肉類罐頭或鮮食料理為貓咪瘦身，能讓貓咪的胃口感到滿足，既增加成功機會，貓咪也不會因此弄到營養不足，更不會整天像你欠牠錢般盯著你，瘦身期間大家都可以好好相處了。

增加運動量

大家都知道，無論人類或貓咪想瘦身，多做點運動都會有幫助。運動除了能消耗熱量，還能為貓咪建立肌肉。身上的肌肉比例增多，新陳代謝率亦會提高，意思就是說，就算做同樣的運動，所消耗掉的熱量也會比滿身脂肪的貓咪多，那就更容易減肥了。

問題是：怎樣叫得動家裡的胖貓咪呢？

剛開始時，的確不容易。由於動起來很辛苦，許多肥胖貓咪都不願意動，這是可以理解的。所以剛開始時，先別太貪心，買些讓貓咪瘋狂的貓玩具（如美國製造的飛行玩具 "Da Bird"），每天玩幾分鐘就好，別讓貓咪玩得太喘，然後再慢慢加長玩耍時間，當然偶爾也要轉換一下玩具，否則會悶壞貓咪。

如果貓咪什麼玩具都看不上眼的話，就要出動牠最愛的乾飼料或脫水肉類零食。用一顆食物做引子，讓貓咪知道你手中有牠最愛的零食，然後將食物丟得遠遠的，要貓咪自己去找，找到就誇口讚賞牠。每天最多玩 2 次，在跑去撿零食期間，貓咪不知不覺就做了點運動；每次最多 4 小顆粒，就不太需要擔心會致胖。待貓咪稍微減重，牠身手應該會比較敏捷，到時應該更願意玩，便可再試試跟牠玩貓玩具。

另外，如果居住環境較狹小，可以考慮添置幾層高的「貓樹」；或者，可以買幾塊現成的木製層板，安裝在牆上，增加貓咪向上的活動空間。

　　如貓咪長期因隻身孤獨而悶悶不樂，可以考慮為牠找個伴，當然要貓咪願意，而新成員的性格要跟原本的貓咪合得來才可以。沒有比貓咪互相追逐更好玩、更消耗熱量的運動了！

 POINT 4　**細心觀察／記錄瘦身進度**

　　我經常提醒家長，不論為寵物飲食作了什麼改變，都必須細心觀察並記錄，否則若出了問題，哪裡做錯或做對都想不起來。為貓咪瘦身的過程也一樣，小心記錄每天吃了什麼、吃了多少、運動多久、精神如何、大小便情況等。瘦身期間，體重一星期量一次就可以。

　　當家裡不只一隻貓咪成員時，為了記錄食量，就必須分開餵食。如果其他貓咪還是以放長糧的方式餵食的話，幾乎不可能阻止胖貓咪去偷吃其他貓咪的飼料（除非將牠困在其他房間）。乾脆利用這機會，一次為所有貓咪改掉自由進食這壞習慣吧！

　　另外，必定要注意，要安全並健康地減重！每星期最多減 1 ～ 2% 的體重（現狀體重，不是理想體重）。減得太快可能會讓貓咪罹患脂肪肝或失去肌肉。總之，為貓咪瘦身不宜心急，大部分成功瘦身的貓咪都能慢慢的減重，在 6 ～ 8 個月內達到理想體重。

如你已遵守以上種種訣竅，試了半年以上，但貓咪都未能減重的話，請帶牠去給獸醫徹底檢查（包括血液檢查），看看是否內分泌出了問題而影響新陳代謝。

[**為什麼「減肥飼料」都減不了肥？**]

相信很多曾經為貓咪瘦身但慘敗的貓家長，當時都是給貓咪吃所謂的「減肥」乾飼料吧！這些「減肥」飼料，就算是獸醫處方，也大多不能成功幫貓咪瘦身，有些甚至讓貓咪更胖。

這是由於這些所謂「減肥」飼料大部分是由低脂肪、高碳水化合物、高膳食纖維成分組成。如果人類吃這種「減肥」飼料，相信能夠達到減重效果，但對於貓咪來說，因為所含碳水化合物過多，就必定不會成功，除非餵飼的分量少到可憐。

由於所含的脂肪量太低，不少貓咪會覺得難吃而拒吃；但就算願意吃，也因為當中的脂肪含量少，蛋白質含量又一般，加上過多的膳食纖維阻礙蛋白質吸收，貓咪所吸收的營養不夠，就總是覺得不滿足，彷彿吃再多，都還是飢腸轆轆的樣子。

所以，想成功為貓咪瘦身？千萬別給牠們吃「減肥」飼料！

[**貼心小提醒**]

有專家指出，肥胖貓咪就算只能減掉 0.9 kg，都已能令體內的細胞減少對胰島素的抗拒，有助防治糖尿病和其他與肥胖症有關的健康問題。所以請各位家有胖貓咪的家長加油！祝你們成功為貓咪瘦身，為貓咪長遠的健康努力。

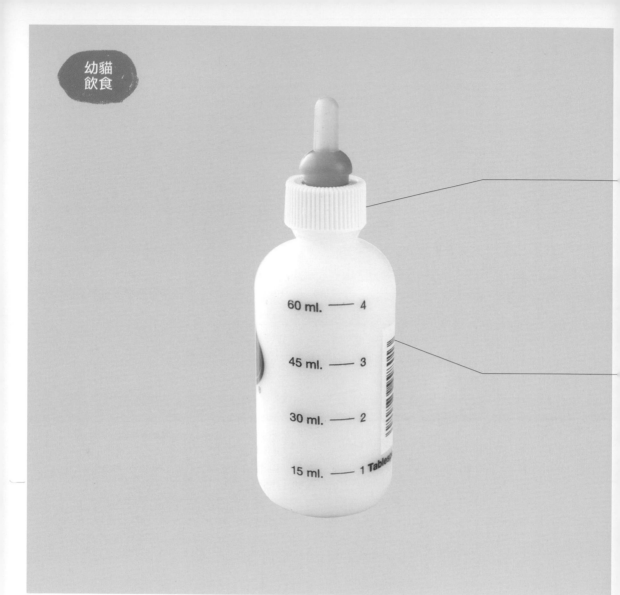

60 ml. — 4

45 ml. — 3

30 ml. — 2

15 ml. — 1 Tables

愛心幼貓奶

新鮮、營養價值與天然貓奶接近，
是小孤貓的緊急食糧。

材料

全脂奶（或山羊奶） 500ml
有機生蛋黃 2 顆
蛋白質補充粉 2 湯匙
鈣 200 ～ 300mg
貓咪專用綜合維生素 成貓 1 ～ 2 天的建議服用量

作法

1 先用叉子或打蛋器將所有材料打勻，然後把立刻要用到的分量注入寵物專用的奶瓶，其餘的注入密封的容器，並放進冰箱裡備用。
2 把奶瓶放入熱水中，待溫度熱至貓咪體溫（約攝氏 38 ～ 40 度）。
3 先滴在手背上試溫（感覺應比我們本身的體溫稍暖），才餵飼幼貓。

Point

1 每次餵奶後，都要記得引導貓寶寶大小便，並為牠拍背。
2 每一至兩日製作新鮮的愛心貓奶，因沒有防腐劑，存放期較短。
3 餵奶前，請感覺一下幼貓的身體是否暖和。若體溫不夠暖，請先用暖水袋或你自己的體溫為牠暖身，否則當暖和的奶進入牠冷冰冰的身體時，突然的溫差可能會引起併發症，甚至死亡！
4. 請選擇動物性蛋白質補充品，貓咪才能有效吸收。

營養分析

蛋白質 42%

脂肪 25%

碳水化合物 25%

灰質 7%

雞肉滑蛋輕食（一日份）

此食譜使用單一蛋白質（同樣來自雞），雞肉
又特別受貓咪歡迎，所以非常適合腸胃比較敏
感的貓咪享用。小提醒：有些貓咪不肯吃雞肉
塊，但卻偏愛手撕雞絲喔！

材料

雞腿肉（不連皮）90g
雞蛋 1/2 顆
南瓜 20g
脫水有機雞肝 2g
低鹽／無鹽牛油 1 茶匙
乾燥巴西利（parsley）少許

營養補充品

鈣 250mg
牛磺酸 125mg
海藻粉 1/8 茶匙
（若正在使用的貓咪綜合營養品已含有海藻
粉，就不必額外補充）
貓咪專用綜合營養品 適量
（請細閱貓咪綜合營養品的建議服用量，按
照指示給貓咪一天所需的分量）

作法

1 南瓜先蒸熟，再剁成小塊備用。
2 將去了皮的雞腿肉沖洗乾淨、擦乾，然後切成
小塊備用。
3 雞蛋打散成蛋汁，備用。
4 將牛油塗勻熱鍋底部，再放進雞腿肉快炒至約 8
分熟。
5 轉小火後倒入蛋汁及南瓜塊繼續快炒。若看來
太乾或有點黏鍋，可以加點水。
6 炒至蛋汁半熟就可以關火，貓咪通常比較喜歡
滑嫩半熟的蛋。
7 待料理降至微溫時，加進以上所需的營養品拌
勻。
8 最後撒上一點巴西利和稍微壓碎的脫水雞肝，
即完成。

Point

1 如改用新鮮雞肝就要 10g（新鮮雞肝水分高，
因此比較重），並與雞肉一起下鍋。
2 若想料理的口感加倍滑溜，可以在給貓咪享用
前加進 1/2 茶匙的原味優格拌勻。

營養分析

卡路里 205kcal	灰質（Ash）4.1%
蛋白質 69.0%	鈣質 0.75%
脂肪 20.5%	磷質 0.77%
澱粉質 4.4%	鈣與磷比例 1.0：1
膳食纖維 0.34%	水分含量 127ml

海鮮咖哩輕食 （一日份）

這道料理實在太吸引人！可以預備多點材料，
除了弄給心愛的貓咪吃，自己和家人也可一起
享用；在咖哩快要煮好時，先拿起要給貓咪的
分量，然後自己吃的部分可以加點鹽巴，以新
鮮生菜包著吃，非常美味！

材料

冷凍什錦海鮮 130g
義大利黃瓜／青瓜（summer squash /
zucchini / cucumber）5 ～ 10g
有機冷榨椰子油 2 茶匙
薑黃粉 1/8 茶匙

營養補充品

鈣 250mg
貓咪專用綜合營養品 適量 *

*（請細閱貓咪綜合營養品的建議服用量，
按照指示給貓咪一天所需的分量

作法

1 將已解凍的冷凍海鮮洗乾淨、擦乾，然後切成
　小塊備用。
2 黃瓜／青瓜洗淨後，連皮切成小碎塊，備用。
3 熱鍋下椰子油，再放進海鮮快炒至大約 8 分熟。
4 加進黃瓜／青瓜和薑黃粉繼續快炒；如看來太
　乾或有點黏鍋，可以加點水再稍微拌炒均勻。
5 待料理降至微溫，再加進以上所需的營養品，
　拌勻即完成。

Point

1 如改用新鮮海鮮，建議用 80g 魚塊 ｜ 30g 鮮蝦
　＋ 20g 其殼類海鮮。
2 不少貓咪進食海鮮後會出現皮膚或腸胃敏感的
　症狀；以中醫的說法，是因為海鮮類比較多「濕
　毒」，而薑黃就有祛濕的功效，在這道料理中
　起了平衡作用，也有助於預防癌症。

營養分析

卡路里 201kcal	灰質（Ash）5.0%
蛋白質 61.6%	鈣質 0.83%
脂肪 27.6%	磷質 0.66%
澱粉質 4.6%	鈣與磷比例 1.3：1
膳食纖維 0.7%	水分含量 112ml

所有產品、品牌資料只供參考，不代表任何認可；作者與所有在此書提及過的任何品牌均無利益關係，亦不能為任何產品作任何質量保證。

A 部分市售天然貓食糧品牌（排名不分先後）

Primal

Ziwipeak

Addiction

Artemis

Merrick

Nature's Variety

Pinnacle

Wellness

Holistic Select

Weruva

Wysong

Stella & Chewy's

Almo Nature **

Applaws**

Kakato**

Organix

** Almo Nature、Applaws、Kakato 部分食糧沒加添任何營養補充品，不足以供給貓咪一日所需的營養，選購時要留意

B 部 分 貓 用 天 然 營 養 補 充 品
（ 排 名 不 分 先 後 ）

配合自製貓生食（BARF）的補充品

• Celestial Pets" VitaMineral Plus Supplement"

• TC Feline" Raw Cat Food Premix"

• Wysong" Call of the Wild" Supplement

鈣質補充品

• Animal Essentials" Natural Seaweed Calcium"

貓咪綜合維生素 Whole Food Blend ／礦物質補充品品牌
（排名不分先後）

• The Flying Basset

• Dr. Harvey's

• Wholistic Pet Organics

• Nature's Logic

• Wysong

• Halo

• The Missing Link

深海魚油

• Nordic Naturals "Omega-3 Pet"

• Dr. Goodpet "Bene Fish Oil"

• Animal Essentials "Fish Oil Plus"

其他
其他比較難買到的貓用天然補充品，也可以試試從以下國外
網站訂購

• Only Natural Pet Store < http://www.onlynaturalpet.com/
cats/ >

• iHerb < http://www.iherb.com/ >

附錄 2
參考資料來源

- AAFCO. The American Animal Feed Control Organization. Web. 5 Jun 2013.
- Animal Protection Institute. "What's Really in Pet Food."Born Free USA. www.bornfreeusa.org. May 2007. Web. 3 July 2013.
- Armaiti, M. "Can my Cat be Healthy on a Vegan Diet?"Dr. May's Veterinary House Calls. July 2013. Web.
- Behravesh, CR., et al. "Human Salmonella Infections Linked to Contaminated Dry Dog and Cat Food, 2006-2008."Pediatrics. 126 (2010): 477-483. Print.
- Buffington, Tony, et al. Manual of Veterinary Dietetics. Missouri: Saunders, 2004. Print.
- "Feeding Your Cat."Cornell University. College of Veterinary Medicine. Cornell Feline Health Center, Cornell University. 27 July 2007. Web. 30 June 2013. < http://www.vet.cornell.edu/fhc/brochures/feedcats.html >
- Finley, R., et al. "The Risk of Salmonellae Shedding by Dogs Fed Salmonella-contaminated Commercial Raw Food Diets."Can Vet J. 48 (2007): 69-75. Print.
- Grant, DC. "Effect of Water Source on Intake and Urine Concentration in Healthy Cats."J Feline Med Surg. 12 (2010): 431. Print.
- Hamper, B., Kirk, C. and J. Bartges. "Nutrition Adequacy and Performance of Raw Food Diets in Kittens."Progress & Final report. Winn grant W09-002 (2013). Online.
- Hand, MS., et al. Small Animal Clinical Nutrition. 5th ed. Mark Morris Institute, 2010. Print.
- Hofve, Jean. What Cats Should Eat: How to Keep Your Cat Healthy with Good Food. www.littlebigcat.com, 28 Sept 2012. E-book.
- Jeusette I., Salas A., et al. "Increased Urinary F2-isoprostane Concentration as an Indicator of Oxidative Stress in Overweight Cats."Intern J Appl Res Vet Med. 7.1,2 (2009): 36-42. Print.
- Kerr, KR. "Companion Animals Symposium: Dietary Management of Feline Lower Urinary Tract Symptoms."Anim Sci. 91. 6 (2013): 2965-2975. Online.
- Leon, A., Bain, S. and Levick, W. "Hypokalaemic Episode Polymyopathy in Cats Fed a Vegetarian Diet."Australian Veterinary Journal. 69 (1992): 249-254. Print.
- Markwell, P., Buffington, T. and B. Smith. "The Effect of Diet on Lower Urinary Tract Diseases in Cats."J. Nutr. 128 (1998): 2753S-2757S. Print.
- Messonnier, Shawn. Natural Health Bible for Dogs & Cats. New York: Three Rivers Press, 2001. Print.
- National Research Council of the National Academies. Nutrient Requirements of Dogs and Cats. Washington, D.C.: The National Academies Press, 2006. Print.
- Pierson, LA. "Feeding Your Cat: Know the Basics of Feline Nutrition."Catinfo.org. Feb 2013. Web. 3 July 2013. < http://www.catinfo.org >
- Pitcairn, RH and Susan H. Pitcairn. Dr. Pitcairn's Complete Guide to Natural Health for Dogs & Cats. 3 rd ed. U.S.A.: Rodale, 2005. Print.

· Plantinga, E., Bosch, G. and W. Hendricks. "Estimation of the Dietary Nutrient Profile of Free-roaming Feral Cats: Possible Implication for Nutrition of Domestic Cats."British Journal of Nutrition. 106 (2011): S35-S48. Print.

· Pottenger, Francis M. Pottenger's Cats: A Study in Nutrition. Ed. Elaine Pottenger. U.S.A.: Price-Pottenger Nutrition Foundation, Inc., 2009. Print.

· Schlesinger, DP. And DJ. Joffe. "Raw Food Diets in Companion Animals: A Critical Review."Can Vet J. 52 (2011): 50-54. Print.

· Tarttelin, MF. "Feline Struvite Urolithiasis: Factors Affecting Urine pH Maybe More Important than Magnesium Levels in Food."Veterinary Record. 121 (1987): 227-230. Print.

· Wakefield, LA., and KE. Michel. "Taurine and Cobalamin Status of Cats Fed Vegetarian Diets."Journal of Animal Physiology and Animal Nutrition. 89 (2005): 427-428. Print.

· Wakefield, LA., Shofer, FS. and KE. Michel. "Evaluation of Cats Fed Vegetarian Diets and Attitudes of their Caregivers."JAVMA. 229.1 (2006): 70-73. Print.

· Ward, E."Weight Reduction on Cats – General Information."Pet Obesity Prevention. Association for Pet Obesity Prevention. 2007. Web. 28 June 2013. < http://www.petobesityprevention.com/weight-loss-in-cats/ >

· Weese, JC., Rousseau, J. and L. Arroyo. "Bacteriological Evaluation of Commercial Canine and Feline Raw Diets."Can Vet J 46 (2005): 513-516. Print.

· Zaghini, G. and Biagi, G. "Nutritional Peculiarities and Diet Palatability in the Cat."Veterinary Research Communications. 29(Supp.2) (2005): 39-44. Print.

· Zoran, DL. "The Carnivore Connection to Nutrition in Cats."JAVMA. 221.11(2002): 1559-1567. Print.

貓咪這樣吃最健康
（2018 年經典重製好讀版）

作　者	蘇菁菁
主　編	王斯韻
美術設計	三人制創
插畫	Bianco tsai
圖片	達智影像、陳家偉
行銷企劃	曾于珊

發行人	何飛鵬
總經理	李淑霞
總編輯	張淑貞
副總編	許貝羚

出　版	城邦文化事業股份有限公司・麥浩斯出版
E-mail	cs@myhomelife.com.tw
地　址	104台北市民生東路二段141號8樓
電　話	02-2500-7578
發　行	英屬蓋曼群島商家庭傳媒股份有限公司城邦分公司
地　址	104台北市民生東路二段141號2樓
讀者服務專線	0800-020-299（9:30AM~12:00PM；01:30PM~05:00PM）
讀者服務傳真	02-2517-0999
讀者服務信箱	csc@cite.com.tw
劃撥帳號	1983-3516

戶　名	英屬蓋曼群島商家庭傳媒股份有限公司城邦分公司
香港發行	城邦〈香港〉出版集團有限公司
地　址	香港灣仔駱克道193號東超商業中心1樓
電　話	852-2508-6231
傳　真	852-2578-9337

馬新發行	城邦〈馬新〉出版集團Cite(M) Sdn. Bhd.(458372U)
地　址	41, Jalan Radin Anum, Bandar Baru Sri Petaling, 57000 Kuala Lumpur, Malaysia
電　話	603-90578822
傳　真	603-90576622

製版印刷	凱林印刷事業股份有限公司
總經銷	聯合發行股份有限公司
地　址	新北市新店區寶橋路235巷6弄6號2樓
電　話	02-2917-8022
傳　真	02-2915-6275
版　次	二版 8 刷　2023年 01月
定　價	新台幣420元　港幣140元

國家圖書館出版品預行編目(CIP)資料

貓咪這樣吃最健康（2018年經典重製好讀版）/
蘇菁菁著. -- 二版. -- 臺北市：麥浩斯出版：家庭傳
媒城邦分公司發行, 2018.01
面；　公分
ISBN 978-986-408-347-3(平裝)
1.貓 2.寵物飼養 3.健康飲食

437.364　　　　　　　　　　106023283

Printed in Taiwan